Die Wirtschaftlichkeit als Konstruktionsprinzip im Eisenbetonbau

Von

Dr.-Ing. Max Mayer

Mit 30 Textfiguren, 15 Zahlentabellen und 1 Formeltafel

Berlin
Verlag von Julius Springer
1913

ISBN 978-3-642-90087-7 ISBN 978-3-642-91944-2 (eBook)
DOI 10.1007/978-3-642-91944-2

Vorwort.

Die praktische Bautätigkeit hat zwei Seiten: eine kaufmännisch-wirtschaftliche und eine technisch-wissenschaftliche. Sie werden vielfach noch voneinander möglichst getrennt gehalten, zum Schaden der gemeinsamen Sache. Indes wirken verschiedene Bestrebungen der Gegenwart in entgegengesetzter Richtung. Die beiden einander im Grunde fremden Ideenkreise, die sich hier berühren, müssen sich vollständig durchdringen und sich einander anpassen, wenn unsere Leistungen gesteigert werden sollen. Sehr erschwert wird dieser Vorgang allerdings dadurch, daß selten jemand auf beiden Gebieten gleichmäßig eingearbeitet ist, und daß wenige die beiden Gebiete in ihrer ganzen Wichtigkeit übersehen.

Die meisten Bestrebungen der genannten Richtung berühren Betriebsangelegenheiten und Organisationsfragen; dagegen greift das behandelte Thema in des Technikers eigenstes Gebiet ein und ist dadurch für ihn am zugänglichsten. Der Grundsatz der Wirtschaftlichkeit wird heute weitaus am häufigsten vom Kaufmann zur Sprache gebracht, während er tatsächlich auch aller technischen Arbeit zugrunde liegt; in den rechnerischen Theorien des Ingenieurs hat er fast ganz gefehlt. Der nachfolgende Versuch, die vorhandenen Ansätze zusammenzufassen und zu vervollständigen, dürfte für die Praxis nicht ganz ohne Bedeutung sein; ich habe mich bemüht, durch Ausarbeiten von Tabellen und durch Hervorheben der einfachen Regeln eine unmittelbare Anwendung zu erleichtern.

Stuttgart, September 1913. **Max Mayer.**

Inhalt.

„. . . Geben Sie sich nicht theoretischen Spekulationen hin . . . Tatsachen, immer neue Tatsachen, das sind die einzigen dauerhaften Verdienste . . .“
Justus Liebig an Charles Gerhardt 1841.

I. Die Grundsätze.

A. Der Hauptgedanke.

Allgemeines.

Die bisherigen wissenschaftlichen Arbeiten über den Eisenbeton sind, außer einigen Anwendungen der Physik und Chemie, im wesentlichen eine „Festigkeitslehre“. Diese läßt uns erkennen, ob unsere Konstruktionen die Belastungen, die ihnen zukommen, mit genügender Sicherheit zu tragen vermögen. Für unsere Bautätigkeit ist das selbstredend von größter Bedeutung; denn die Entwürfe müssen eine ausreichende Festigkeit verbürgen.

Versuchen wir es, von diesem festen Ausgangspunkt eine Schlußkette zu spannen bis zu der Tatsache, daß alle unsere statischen Berechnungen auf die Feststellung hinauslaufen, daß die zulässigen Spannungen so knapp wie möglich erreicht sind, so will uns das nicht in zwingender Form gelingen. Wir müssen irgendeinen Trugschluß oder eine falsche Voraussetzung hereinbringen.

Diese falsche Voraussetzung lautet in ihrer üblichsten Form, daß eine Konstruktion dann am billigsten ist, wenn die Festigkeit der Baustoffe vollständig ausgenutzt ist. Exakt könnte man sie vielleicht so aussprechen: „Wenn zwei Entwürfe sich nur in den Dimensionen um ein geringes unterscheiden, so ist der, welcher die kleineren Spannungen aufweist, der teurere.“

Eine bestechende Natürlichkeit klingt aus diesem Satz. Denkt man an die beiden Formeln, die für den homogenen Stab am häufigsten maßgebend sind:

$$\sigma = \frac{P}{F} \text{ und } \sigma_0 = \frac{6\,M}{b\,h^2}$$

bzw. an ihre Umkehrungen

$$F = \frac{P}{\sigma} \text{ und } h = \sqrt{\frac{6\,M}{b\,\sigma_0}},$$

so sehen wir an beiden zuletzt die Spannung im Nenner der rechten Seite. Die erforderlichen Abmessungen werden umso kleiner, je höher man die Spannung annimmt; die geringsten Abmessungen erhält man, wenn man für die Spannung den zulässigen Höchstbetrag einsetzt. Diese Verhältnisse braucht man nur unbesehen zu verallgemeinern, um auf den oben genannten Satz zu kommen.

Aber eben diese Verallgemeinerung ist falsch. Für den homogenen Körper können wir die Beziehung gelten lassen; dagegen dürfen wir sie für die Verbundkonstruktion nicht als grundlegend annehmen. Man hat beim Eisenbeton mit ganz anderen Formeln als den eben angeführten zu rechnen; der Preis wird hier nicht einfach durch den Rauminhalt der Konstruktionsteile bestimmt, sondern auch durch ihren Gehalt an Eisen stark beeinflußt, der wieder ganz anderen Abhängigkeiten unterliegt.

Wenn man also bisher auf die folgende Schlußkette baute:

„1. Wir wollen in berechtigter Sparsamkeit die billigste Konstruktion wählen, die für unsere Zwecke genügt;

2. die Konstruktion wird umso billiger, je höhere Spannungen sie aufweist;

3. also legen wir unserem Entwurf in allen Teilen die höchsten Spannungsgrenzen zugrunde, welche mit Rücksicht auf Sicherheit und Vorschriften zulässig sind,"

so müssen wir sie, sobald es sich um Verbundkonstruktionen handelt, gleich hinter dem ersten Glied durchschneiden, da der Untersatz in dieser Allgemeinheit nicht zutrifft. Der Obersatz allein ist für uns maßgebend.

Die Erfahrungen des täglichen Lebens bestätigen die dargelegten Anschauungen.

Jedem Fachmann ist es heutzutage selbstverständlich, daß das gegenseitige Verhältnis der Massen von Beton und Eisen durch den Konstrukteur geregelt werden kann, daß man Beton zugeben und dafür an Eisen sparen kann, daß sich also in gewissem Sinne und innerhalb gewisser Grenzen Beton und Eisen gegenseitig ersetzen können. Sobald eine kaufmännisch geschulte Intelligenz in diese Sachlage Einblick bekommt, findet sie es ihrerseits selbstverständlich, daß das Preisverhältnis beider Stoffe zu den wesentlichen Richtpunkten des Konstrukteurs gehören muß. Die Möglichkeit eines Austausches zwischen den beiden Massen hat die notwendige Folge, daß wirtschaftliche Gesichtspunkte in die Eisenbetontheorie hereinkommen. Wie man zur Lösung der statisch unbestimmten Aufgaben die der Statik zunächst fremde Elastizitätstheorie zu Hilfe nehmen mußte, ebenso gut müssen wir zur Behandlung der Verbundkonstruktionen, welche die Festigkeitslehre nicht eindeutig bestimmt, ökonomische Gesichtspunkte herbeiziehen.

Wir müssen dem Kaufmann zugeben, daß unsere heutige Berechnungsweise diese unbestreitbaren Sätze nicht gebührend berücksichtigt. Man kann sie ja zu verteidigen suchen, indem man etwa beweist, daß bei der einfachen Platte als dem häufigsten Konstruktionsteil die Sache „in der Regel" nichts zu bedeuten hat. Stellt er dann die naheliegende Frage, ob für den Balken das gleiche zutrifft, so muß man gestehen, daß dies der Punkt ist, an welchem die Theoretiker der Gegenwart einen ersten Schritt in der gedachten Richtung versuchen, daß aber die allgemeine Durchführung noch eine ungelöste, umfassende Aufgabe ist. —

Auch abgesehen von dem geläufigen Fall des Plattenbalkens hat der gewandte Konstrukteur schon gelegentlich die Erfahrung gemacht, daß eine Konstruktion unter Umständen billiger wird, wenn man sie stärker macht, als statisch nötig wäre. Man kleidet diese Beobachtung manchmal in die empirische Regel, daß man eisenreiche Konstruktionen vermeiden soll, weil die starke Armierung viel Geld kostet. Es ist aber ein Irrweg, aus der Notwendigkeit solcher Korrekturen eine Geringschätzung der Theorie herzuleiten; man muß nur die Theorie in der neuen Richtung ergänzen. —

Daß die kreuzweis armierte quadratische Platte nicht billiger sein soll als die einfach armierte, ist sehr unwahrscheinlich, weil sie günstigeren Bedingungen unterliegt. Dennoch wird man von den Ergebnissen eines genauen Durchkonstruierens enttäuscht. Der Praktiker durchschaut die Sachlage, wenn er urteilt: „Die Platte ist zwar dünner, enthält aber viel mehr Eisen; das macht sie kostspielig." Wir werden nachweisen, daß die Platte statisch richtig, aber wirtschaftlich falsch konstruiert war.

Wir konstatieren nach alledem eine Schwäche unserer heutigen Dimensionierungsweise. Der fundamentale Teil der Festigkeitslehre, der sich mit der Spannungsberechnung befaßt, bleibt selbstverständlich unangetastet; der andere, auf die praktische Anwendung zugeschnittene Teil bedarf in einzelnen Kapiteln einer Berichtigung. Denn sein bisheriger Inhalt beruht auf einem Grundsatz, der nur eine Spezialisierung, und zwar eine nicht immer giltige Spezialisierung des obersten Prinzipes darstellt, und es wäre ein Irrtum, diesen Satz als allgemeine Grundlage beizubehalten. In einer Anzahl von Fällen trifft es zu, daß die Konstruktion, welche die zulässigen Spannungen ausnutzt, die billigste ist, nämlich dann, wenn das Kostenminimum unzulässige Spannungen bedingt; in verschiedenen Fällen ist aber diese stillschweigende Voraussetzung falsch. Um für die ganze Frage ein richtiges Urteil zu gewinnen, müssen wir auf jenes oberste Prinzip, auf die Forderung des Kostenminimums, zurückgehen und direkt aus demselben neue Gesetzmäßigkeiten herleiten. Wird uns als Schlüssel für die Lösung dieser Aufgabe die allgemeine Differentialgleichung dienen, welche sie mit diesen Worten bereits involviert, so soll uns eine entsprechende Ungleichung als Kennzeichen dafür dienen, ob für die einzelnen Konstruktionsformen der alte Satz von der Ausnutzung der Spannungen Giltigkeit hat oder nicht.

Die allgemeine Formel.

Wie im Anhang (S. 121) auseinandergesetzt wird, läßt sich die Kostensumme einer Eisenbetonkonstruktion darstellen durch

$$K = B + E + S = \Sigma \beta b + \Sigma \varepsilon e + \Sigma \sigma s.$$

Hierbei sind β, ε und σ für ein bestimmtes Bauwerk im allgemeinen konstant, nämlich die Einheitspreise der Baustoffe; b, e und s, als Gesamtmassen der einzelnen Baustoffe, variieren mit den Dimensionen. Wählen wir also irgendeine Abmessung v (eine Plattenstärke, einen Rippenabstand oder dgl.) als unabhängige Veränderliche und studieren ihren Einfluß auf die Kosten, so sind b, e und s als Funktionen von v anzusehen.

Die Forderung der Wirtschaftlichkeit kleidet sich in den mathematischen Ausdruck

$$K = \min. \qquad 1.)$$

Dies wird erreicht durch

$$\frac{dK}{dv} = 0, \qquad \frac{dB}{dv} + \frac{dE}{dv} + \frac{dS}{dv} = 0,$$

$$\Sigma \beta \frac{db}{dv} + \Sigma \varepsilon \frac{de}{dv} + \Sigma \sigma \frac{ds}{dv} = 0. \qquad 2.)$$

Durch diese Gleichung wird jener Wert von v bestimmt, für welchen die Kosten einen Kleinstwert annehmen.

Die Frage, ob für den aus der Gleichung erhaltenen Wert der Variabeln wirklich ein Minimum und nicht etwa ein Maximum eintritt, wird man wohl nie auf rein mathematischem Wege mittels des zweiten Differentialquotienten zu entscheiden brauchen, da bei unserem greifbaren Gegenstand die brauchbaren Werte ohne weiteres zu erkennen sind.

Dagegen besteht die Gefahr, daß bei den Dimensionen, wie man sie auf diesem Wege erhält, in irgendeinem Teile zu hohe Spannungen auftreten. Wir prüfen dies aber nicht erst nachträglich, sondern wollen ohnedies vor der Anwendung der Hauptgleichung entscheiden, ob die übliche Dimensionierung mit ausgenutzten Baustoffen wirtschaftlich ist oder nicht. Zu diesem Zweck bilden wir die gleichen Werte wie vorhin für die in üblicher Weise gerechneten Abmessungen. Als unabhängige Veränderliche v sei nun beispielsweise eine Größe gewählt, die wir wohl wachsen, aber nicht abnehmen lassen dürfen, ohne die vorgeschriebenen Spannungsgrenzen zu überschreiten. Wenn dann

$$\left(\Sigma\,\beta\,\frac{db}{dv} + \Sigma\,\varepsilon\,\frac{de}{dv} + \Sigma\,\sigma\,\frac{ds}{dv}\right)_{v_{zul}} > 0, \qquad 3.)$$

so ist die Konstruktion mit den zulässigen Spannungen die billigste und die wirtschaftlich richtige. Wenn dagegen diese Ungleichung nicht erfüllt ist, so ist die Konstruktion wirtschaftlich falsch und der

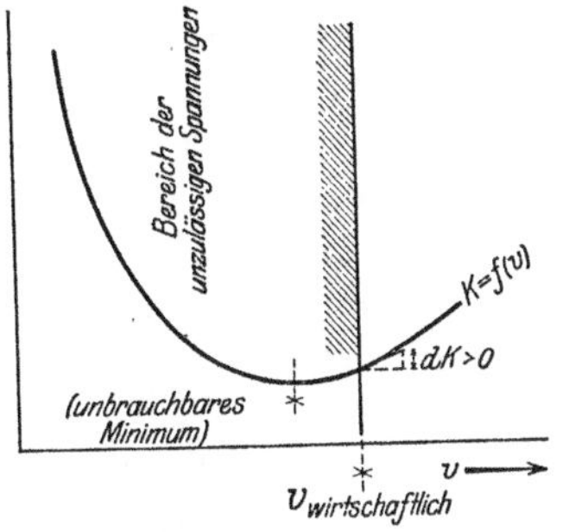

Fig. 1.

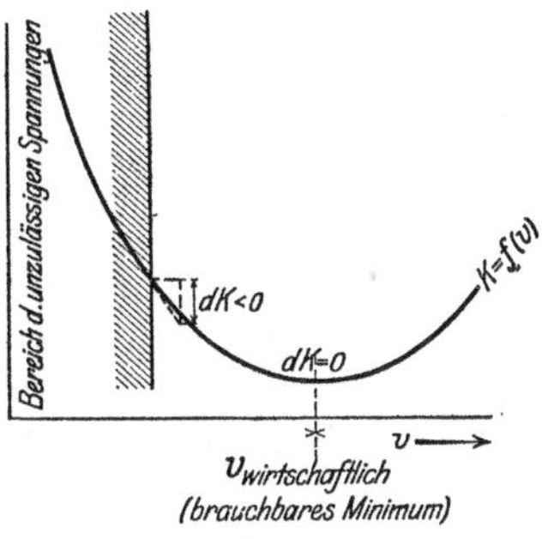

Fig. 2.

Satz von der Spannungsausnutzung unzutreffend. Die Lösung ist dann durch Nullsetzen der linken Seite zu finden.

Es wird mitunter von Interesse sein, den Wert dK : dv als die Kostenänderung zu deuten, welche eine Änderung der Größe v um die Einheit zur Folge hat.

B. Begleiterscheinungen.

Außer dem dargelegten Hauptsatz brauchen wir noch ein zweites Axiom, das zwar nicht so elementar wie jener aus den grundlegenden Absichten der Bautätigkeit hervorgeht, ihm aber an praktischer Bedeutung gleichkommt und in ähnlicher Weise als lang verkannte oder unbeachtete Wahrheit anzusehen ist, sogar aus denselben Gründen unbeachtet blieb. Es lautet:

Für die Dimensionierung existiert kein Superpositionsgesetz.

In der Festigkeitslehre gilt ebenso lange wie das Hookesche Gesetz auch das Superpositionsgesetz: Wirken auf einen Körper eine Reihe von äußeren Einflüssen, so untersucht man die Wirkung jeder Kräftegruppe getrennt, wie wenn sie allein angreifen würde. Die sich ergebenden Spannungen werden geometrisch summiert bzw. nach der Elastizitätslehre übereinander gelagert. Es wäre nicht streng richtig, bei der Dimensionierung ebenso zu verfahren, also etwa einen Stab, der verschiedenen Belastungen ausgesetzt ist, für jede mögliche Belastung einzeln zu dimensionieren und hernach vielleicht für jede Abmessung den größten der sich ergebenden Werte beizubehalten.

Dieser Fehler ist z.B. bei der kreuzweis armierten Platte gemacht, und seine Berichtigung ist eines der Mittel zur Verbesserung ihrer Theorie. Gegenwärtig rechnet man bei gegebenem Biegungsmoment ihren Querschnitt wie den einer einfachen Platte und legt dann die statisch nötigen Eisen je einmal nach beiden Richtungen ein. Das ist eine unbewußte Anwendung des Superpositionsgesetzes auf die Dimensionierung. Die so gerechnete Platte erfährt zwar brauchbare Spannungen, denn diese darf man übereinander lagern; aber sie gibt zu hohe Kosten, denn die zweimal eingelegten Eisen müssen auch zweimal bezahlt werden.

Auch hier haben wir es mit einer unbewußten Übertragung eines Grundsatzes zu tun, der (unter gewissen Voraussetzungen) für die homogenen Körper gilt, aber nicht ohne weiteres für die Verbundkonstruktion verallgemeinert werden darf. Wenn man die Stärke einer Stampfbetonmauer für zwei entgegengesetzte Beanspruchungen getrennt bestimmt und die größere der beiden Stärken festhält, so ist das korrekt; wenn man sich aber die gleiche Mauer dünner und armiert denkt und nun in gleicher Weise die für beide Belastungsfälle nötigen Armierungen getrennt rechnet, so ist das eine Annäherung, die für schwache Armierungen gut zu brauchen ist; sie ist aber nicht exakt und ergibt bei starker Armierung eine Eisenverschwendung. Denn schon die Tatsache, daß die Zugarmierung des einen Falles für den anderen Fall als ungewollte Druckarmierung vorhanden ist und für eine Eisenersparnis ausgenutzt werden kann, wirkt theoretisch in diesem Sinne.

Wir folgern also:

Bei der Dimensionierung muß man von vornherein auf die gesamte Armierung achten, die in den Konstruktionsteil zu liegen kommt; insbesondere muß der Ansatz für die Kostensumme alle verschiedenen Eisengruppen enthalten, welche in den gleichen Konstruktionsteil einzulegen sind.

Es ist noch zu erläutern, mit welchem Umfange die Kostensumme K anzunehmen ist. Sie auf das ganze Gebäude auszudehnen würde bei der Untersuchung jedes einzelnen Konstruktionsteiles entschieden zu weit gehen, weil man dann eine große Menge indifferenter Massen mitschleppen würde; sie nur auf den einzelnen Konstruktionsteil selbst zu beziehen, wird sich in manchen Fällen als zu eng erweisen. Die Trägerhöhe z. B. ist streng genommen von Einfluß auf die sämtlichen unteren Säulen, sogar auf die Fundierung, weil sie deren Belastung mitbestimmt. Man hat also in jedem einzelnen Falle erst den Bereich abzugrenzen, für den man K bestimmen will; alle Konstruktionsteile und auch alle Einzelkosten, die nicht von der Veränderlichen abhängen, sind sogleich wegzulassen. Übrigens wird in der Regel für die erste Berechnung der Bereich so eng als irgend möglich zu ziehen und erst nach Lösung der einfacheren Aufgaben zu ergänzen sein.

Wir werden hierdurch auf eine wichtige Beschränkung aufmerksam. Wenn man ein zehnstöckiges Gebäude auf schlechtem Baugrund errichten will, so macht man selbstverständlich von oben her den ganzen Bau so dünn und leicht, als es irgend möglich ist, weil die Fundierung das teuerste Glied ist und deshalb in erster Linie erleichtert werden muß. Die Kostensumme des ganzen Bauwerkes ist der einzig maßgebende Punkt; man muß also streng im Auge behalten, welche Folgen eine Veränderung des Eigengewichtes nach sich zieht. Das Verhältnis des Eigengewichtes zur Nutzlast kann hierfür als Zeiger dienen.

Im Gegensatz zu dem angeführten Beispiel gibt es auch Fälle, in welchen die größere Schwere der Konstruktion erwünscht ist: meistens bei Fundierungen und überhaupt fast im ganzen Tiefbauwesen.

C. Die praktische Tragweite.

Die bisherigen Andeutungen lassen schon ersehen, daß die zu erwartenden Korrekturen der gebräuchlichen Abmessungen im allgemeinen keine allzu beträchtlichen sind. Ein dahingehender Anspruch könnte auch nur zu Zweifeln an der Richtigkeit reizen. Unsere heutige Eisenbetonbauweise ist soweit ausgebildet und faßt bereits die Lebensarbeit so vieler ausgezeichneter Männer in sich, daß ihre sichtbaren Leistungen nicht allzuweit von den idealen entfernt sein können. Hingegen bringt es ihre hauptsächlich empirische und auf die Erforschung der Festigkeit gerichtete Entwicklung mit sich, daß Mißverständnisse über die letzten Absichten der praktischen Betätigung, über die Richtlinien der Anwendung nicht vollkommen ausgeschlossen sind.

Ein Betonen der richtigen Prinzipien ist deswegen, weil ihre praktischen Konsequenzen zunächst unbedeutend scheinen, doch nicht überflüssig. Man kann nicht wissen, zu welcher Geltung sie die künftige Entwicklung noch berufen wird, und welche Verwirrungen man durch rechtzeitige Beseitigung falscher Vorstellungen vermeidet.

Übrigens machen sich heute bereits verschiedene wunde Punkte recht unangenehm bemerkbar, zu denen wir erst auf dem jetzt vorgezeichneten Wege eine richtige Stellung gewinnen. Die doppelte Armierung bei reiner Biegung z. B. hat vielfach bei Konstrukteuren und besonders bei Fachschriftstellern, welche die Kosten zu sehr aus dem Auge verlieren, zu ganz verfehlten Anschauungen geführt; gewisse auf die Spitze getriebene Näherungsformeln für $f_e' = f_e$ bei reiner Biegung werden aber auch von Leuten, welche unwillkürlich die dünnste Platte für die billigste halten, regelmäßig gebraucht.

Ähnlich ist die Sache bei allen beiderseits oder kreuzweis armierten Konstruktionen; jeder denkende Konstrukteur empfand hier eine Lücke in unseren Dimensionierungsweisen und ersetzte sie annähernd durch das praktische Gefühl.

Literatur zu I.

Daß die Wirtschaftlichkeit bei der Dimensionierung der Eisenbetonkonstruktionen ein wichtiges Wort mitzusprechen hat, davon ist seit langem die Rede. Bereits 1905 spricht Dipl.-Ing. E. Elwitz (Beton und Eisen 1905, I und II, Die Querschnittsbestimmung von Platten und Plattenbalken aus Eisenbeton nach wirtschaftlichen Gesichtspunkten) ausdrücklich von einem wirtschaftlichen Standpunkt und einem wirtschaftlichen Ziel. Er begründet den wirtschaftlichen Standpunkt durch einen Hinweis auf den scharfen Konkurrenzkampf, der den Konstrukteur zum Sparen zwingt. Meines Ermessens kann darin wohl ein Anlaß zu wirtschaftlichem Konstruieren, aber nicht der eigentliche Grund und die innere Berechtigung des wirtschaftlichen Prinzipes liegen. Die Konstruktion des Kostenminimums ist nicht ein letztes Hilfsmittel in Zeiten wirtschaftlicher Not, sie ist vielmehr das allgemeinste Ziel aller intensiven technischen Arbeit und tritt nur beim Eisenbeton in einer bisher ungewohnten Form auf. Doch ist hiervon weder bei Elwitz noch bei den Späteren die Rede.

Eine gute Äußerung zur Sache findet sich 1906 in Beton und Eisen (Heft VIII, Seite 203) von Siegfr. C. Drach in einer Fußnote. Etwas übertrieben bezeichnet er die übliche Anschauung von der Wirtschaftlichkeit der zulässigen Spannungen als „natürlich völlig unrichtig". Auch er betont das Kostenminimum, ohne das Bestreben nach Ökonomie näher zu begründen. Daß er im Verlaufe des Aufsatzes einmal die Eisendruckspannungen für „gänzlich unwichtig" erklärt, bedeutet einen Fortschritt gegenüber den Theoretikern, die alle Spannungen, auch die unbedeutendsten, genau ausrechnen und so zu ihrer Überschätzung beitragen.

Im gleichen Jahre erschien ein Aufsatz von Dr.-Ing. R. Saliger (Österreichische Wochenschrift für den öffentlichen Baudienst, 7. Juli 1906, Seite 426), der mit ähnlichen Absichten wie Elwitz, jedoch ohne jede Begründung sofort die Lösung einiger einfacher Aufgaben nach dem wirtsch ftlichen Prinzip in Angriff nimmt.

Unter den Erscheinungen des Jahres 1908 finden sich bereits mehrere mit entsprechenden Andeutungen: Die 3. Auflage des „Eisenbetonbau" von Prof. E. Mörsch erwähnt auf Seite 97 das Kostenminimum als praktisch erstrebenswert; in der 1. Auflage des I. Bandes des Handbuchs für Eisenbetonbau wird schon von Dr.-Ing. Ph. Völker die Bedingung $f + f'$

= Min. gefordert. Ein Aufsatz von O. Faber im Engineering (7. und 14. August 1908), London, behandelt die einfachen Aufgaben vom englischen Standpunkt aus, wobei er ohne weitere Begründung die billigste Konstruktion sucht.

Auch einige spätere Aufsätze, wie wir sie bei den einzelnen Aufgaben erwähnen werden, haben das Aufsuchen des Kostenminimums zum Zweck, ohne ein Wort über die allgemeine Bedeutung oder Berechtigung dieses Bestrebens zu verlieren. Die einzige Stelle der ganzen Literatur[1]), worin die Wirtschaftlichkeit als Grundgesetz für die Dimensionierung der Eisenbetonkonstruktionen anerkannt wird, findet sich 1911 bei R. Wuczkowski (Die Bemessung der Eisenbetonkonstruktionen, Seite 12). Dabei wird aber betont, daß es sich um einen Gesichtspunkt des „in der Praxis arbeitenden Ingenieurs" handelt, worin man vielleicht einen gewissen Gegensatz zu streng wissenschaftlicher Behandlung finden kann. Auffallenderweise verzichtet Wuczkowski fast ganz darauf, den Satz rechnerisch zur Geltung zu bringen.

Die vorbehaltlose Erkenntnis und ausdrückliche Feststellung des Satzes, daß die Wirtschaftlichkeit als oberstes Grundprinzip für die Dimensionierung der Eisenbetonkonstruktionen zu dienen hat, und daß die zulässigen Spannungen erst in zweiter Linie als einschränkendes Gegengewicht in Betracht kommen, scheint also neu. Weder die überragende Wichtigkeit des wirtschaftlichen Prinzipes noch auch seine richtige Stellung gegenüber der Forderung genügender Festigkeit sind bisher erschöpfend gefaßt worden.

Was die Ausdehnung des Kostenbegriffes auf die gesamte Konstruktion, speziell auf die Gesamtarmierung des betrachteten Konstruktionsteiles betrifft, so stehen wir vor einer kaum begreiflichen Lücke, welche sich seit Elwitz durch alle bisherigen Arbeiten fortgeerbt hat. Stets wird der statisch nötige Eisenquerschnitt mit der Länge des betrachteten Konstruktionsteiles, dem spezifischen Gewicht des Eisens und dem Preis pro Gewichtseinheit multipliziert in den Kostenansatz eingeführt, der Massenkoeffizient also zu 0,78 bzw. 0,785 angenommen. Vermutlich sind diese Theorien meist ohne engeren Zusammenhang mit der kaufmännisch beeinflußten Praxis entstanden; tatsächlich scheint keine der Arbeiten aus Unternehmerkreisen zu stammen. Es mag sein, daß nur dem Beamten einer Unternehmergesellschaft, der Tag für Tag die Kostensummen für die verschiedensten Objekte von den ersten Austeilungen und den Anfängen der statischen Berechnung bis zum fertigen Voranschlag in der eigenen Hand entstehen sieht, die Bedeutung der Zuschläge und Ergänzungskonstruktionen recht zum Bewußtsein kommt. Die früheren Autoren mögen teils die Verteilungseisen, Bügel, oberen Eisen usw. irrtümlicherweise als selbständige, von Dimensionsänderungen unbeeinflußte Ergänzungen betrachtet haben, teils den Aufwand für die Verankerung und Hakenausbildung der Trageisen, der unbedingt von deren Querschnittfläche abhängen muß, als nebensächlich angesehen haben; Elwitz (Beton und Eisen 1905, Heft I, S. 20) sagt ausdrücklich, daß die Kosten für die Aufbiegungen und Bügel nicht ins Gewicht fallen. Auch dürften die meisten Autoren an die frei aufliegenden Konstruktionen gedacht haben, bei denen der Massenkoeffizient sich nicht allzuweit von dem genannten Wert ent-

---

[1]) Hier handelt es sich nur um die Festlegung des Prinzips in allgemeiner Form; hinsichtlich der Durchführung im einzelnen vgl. S. 52.

fernt. Jedenfalls sind die Folgen sehr einschneidende; denn wenn man z. B. den Eisenquerschnitt eines kontinuierlichen Balkens mit 0,78 anstatt mit 1,4 multipliziert, so macht das soviel aus, wie wenn der Eisenpreis auf die Hälfte sinken würde.

Einen ersten und einzigen Schritt auf dem richtigen Wege macht Prof. Saliger 1906 in dem genannten Aufsatz, indem er beim symmetrisch armierten Balken das Eisen im Kostenansatz mit 2 multipliziert. Doch war dies wohl zu selbstverständlich, als daß es auf weitere derartige Schritte hätte führen können.

Fast ebenso spärlich findet sich bisher dis statische Berücksichtigung der Gesamtarmierung. Allerdings enthält die übliche Berechnung der symmetrischen Armierung, wie sie von Anfang an die Behandlung der exzentrischen Belastung begleitete, einen unbewußten Grundgedanken dieser Art. Im übrigen ist mir nur eine theoretische Arbeit bekannt, in welcher eine konstruktiv vorgegebene Armierung statisch berücksichtigt wird, nämlich der Aufsatz über Biegung mit Axialdruck von Prof. C. Hager im „Armierten Beton", März 1911, S. 101.

Daß die Preise für die einzelnen Materialien, wie sie im Kostenansatz erscheinen, auf das fertige Bauwerk zu beziehen sind, scheint den einzelnen Autoren mehr oder minder deutlich vorgeschwebt zu sein, ohne daß es jemals klar gesagt wäre; die Preise sind teils einfach als solche bezeichnet, teils finden sich die Zusätze „einschließlich Stampfen" beim Beton, „fertig zugeschnitten, gebogen und verlegt" beim Eisen. Die Höhe der Preise in den Beispielen ist meist eine solche, daß sie für das fertige Bauwerk gelten können.

Es ist indes wohl zu beachten, daß die in der Literatur dargelegten Fortschritte, die wir hier allein berücksichtigen konnten, keineswegs die Summe aller Leistungen auf diesem Gebiete umfassen. Es ist so gut wie sicher, daß verschiedene Großfirmen die eine oder andere hier einschlägige Methode für den eigenen Gebrauch zurückbehalten, und daß einzelne Forschungen auf diese Weise der Allgemeinheit verloren gehen.

II. Anwendungen.

A. Die Platte.

Vorbemerkung.

Entsprechend der bisherigen Absicht, stets die zulässigen Spannungen zu erreichen, spielten die Spannungswerte σ_b und σ_e bei der Dimensionierung eine Hauptrolle und traten als wichtigste Größen in jeder Formel auf. Es ist daher leicht möglich unter Benutzung der vorhandenen Formeln die Kostensumme auf die Form

$$K = \varphi(\sigma_b, \sigma_e)$$

zu bringen, d. h. sie als Funktion der Spannungswerte bei sonst gleichen Verhältnissen darzustellen.

Wenn wir nun bestreiten, daß die Ausnutzung der zulässigen Spannungen die billigste Konstruktion gibt, so erwächst daraus unmittelbar die Aufgabe, jene Werte für σ_b und σ_e anzugeben, für welche K den geringsten Betrag ergibt.

Wir haben also das Minimum einer Funktion von zwei unabhängigen Veränderlichen aufzusuchen. Die Aufgabe wird gelöst, indem man die Funktion nach jeder der beiden Veränderlichen partiell differenziert und aus den beiden neuen Gleichungen, worin diese Differentialquotienten gleich Null gesetzt sind, die beiden Unbekannten berechnet.

Die genaue Lösung hätte von den bekannten Gleichungen (Prof. Dr. E. Mörsch, Der Eisenbetonbau, 4. Aufl., S. 152) auszugehen:

$$h = \frac{\sigma_e + n\sigma_b}{\sigma_b}\sqrt{\frac{6M}{nb(3\sigma_e + 2n\sigma_b)}} \quad \text{und} \quad f = \frac{nbh\sigma_b^2}{2\sigma_e(\sigma_e + n\sigma_b)}.$$

Die algebraische Weiterbehandlung dieser Formeln gibt sehr komplizierte Ausdrücke. Wir tun deshalb besser, die als Tabellen vorliegenden Darstellungen dieser Abhängigkeiten zu verwerten. Dabei benutzen wir als Hilfsgrößen die Querschnitthöhe h (von Mitte Eisen bis Betondruckkante) und die Eisenquerschnittfläche f. Beide sind Funktionen von σ_b und σ_e und kommen ihrerseits als einzige Veränderliche im Ausdruck für die Kostensumme vor. Dieser lautet nach Weglassung der konstanten Beträge

$$K = \beta \cdot h + \varepsilon \cdot r \cdot f.$$

Dabei ist β der Preis von 0,01 cbm Beton, ε der Preis von 1 kg Eisen, beides auf das fertige Bauwerk bezogen, und r der Massenkoeffizient für das Eisen.

Durch Differenzieren dieses Ausdrucks wird

$$\frac{dK}{df} = \beta \frac{dh}{df} + \varepsilon r\,, \qquad 4.)$$

$$\frac{1}{\beta} \cdot \frac{dK}{df} = \frac{dh}{df} + \frac{\varepsilon r}{\beta}\,.$$

Wenn dieser Wert zu Null wird, wenn also

$$-\frac{dh}{df} = \frac{\varepsilon r}{\beta} = \delta, \qquad 5.)$$

so ist die wirtschaftlich günstigste Konstruktion erreicht. Dabei darf nicht übersehen werden, daß der durch die praktischen Verhältnisse gegebene Wert der rechten Seite stark schwankt, daß sich also für die günstigsten Spannungen keine absoluten Werte, sondern nur Bedingungsgleichungen ergeben können.

Der Wert $\frac{dh}{df}$ ist nun sowohl von σ_b als von σ_e abhängig. Entsprechend der oben angeführten Regel der Infinitesimalrechnung müssen wir ihn uns einmal durch

$$\frac{\partial h}{\partial \sigma_b} : \frac{\partial f}{\partial \sigma_b}$$

und einmal durch

$$\frac{\partial h}{\partial \sigma_e} : \frac{\partial f}{\partial \sigma_e}$$

ersetzt denken; die beiden so entstehenden Gleichungen sind nach σ_b und σ_e aufzulösen.

Wir wollen nun aber nicht die oben angeführten Funktionen differenzieren, sondern die bekannten fertigen Tabellen auswerten. Wir ersetzen daher in den letzten Ausdrücken die Differentiale durch endliche Differenzen und schreiben

$$\frac{\Delta h}{\Delta \sigma_b} : \frac{\Delta f}{\Delta \sigma_b} \quad \text{und} \quad \frac{\Delta h}{\Delta \sigma_e} : \frac{\Delta f}{\Delta \sigma_e}\,.$$

Dabei ist es gleichgültig, wie groß wir die $\Delta \sigma$ wählen, wenn sie nur im einzelnen Beispiel gleich bleiben. Wir nehmen sie natürlich gleich den konstanten Differenzen der Tabellenwerte.

Bei der zahlenmäßigen Durchführung wollen wir zunächst die partiellen Ableitungen nach σ_b bilden, also σ_e konstant zu 1000 bzw.

1200 kg/qcm annehmen. Hiernach berechnen sich die beiden folgenden Tabellen[1]):

Tabelle I.

σ_b	σ_e	h	Δh	f	Δf	$\frac{\Delta h}{\Delta f}$
20	1000	$0{,}0685 \sqrt{M}$	117	$0{,}0158 \sqrt{M}$	36	3,25
25	1000	568	79	194	34	2,32
30	1000	489	56	228	33	1,70
35	1000	433	43	261	32	1,34
40	1000	390	33	293	31	1,06
45	1000	357	27	324	30	0,90
50	1000	330	22	354	29	0,76
55	1000	308	19	383	28	0,68
60	1000	289		411		

Tabelle II.

σ_b	σ_e	h	Δh	f	Δf	$\frac{\Delta h}{\Delta f}$
25	1200	$0{,}0604 \sqrt{M}$	85	$0{,}0150 \sqrt{M}$	27	3,15
30	1200	519	62	177	26	2,38
35	1200	457	46	203	25	1,84
40	1200	411	36	228	25	1,44
45	1200	375	30	253	24	1,25
50	1200	345	24	277	23	1,04
55	1200	321	20	300	23	0,87
60	1200	301		323		

Die Ergebnisse sind in umstehendem Diagramm aufgetragen. Die beiden Kurven geben den Verlauf der linken Seite der Gleichung.

Was deren rechte Seite betrifft, so müssen wir erst die praktischen Grenzen des Wertes $\delta = \frac{\varepsilon\, r}{\beta}$ bilden. Hierfür nehmen wir an:

β kann schwanken zwischen	10 und	46 Pf.
ε ,, ,, ,,	16 ,,	20 ,,
r ,, ,, ,,	0,8 ,,	2,4

Demnach wird

$$\delta_{max} = \frac{20 \cdot 2{,}4}{10} = 4{,}8$$

[1]) Die Tabellen, wie sie z. B. in den preußischen Vorschriften vom 24. Mai 1907 oder vollständiger im „Eisenbetonbau“ von Prof. Dr. E. Mörsch, 4. Aufl., Seite 153 enthalten sind, mußten hierfür noch im einzelnen vervollständigt werden. Bei der Differenzenbildung stellten sich auch manchmal Ungenauigkeiten der vorhandenen Ziffern in der letzten Dezimale heraus.

und

$$\delta_{\min} = \frac{16 \cdot 0{,}8}{46} = 0{,}278.$$

Diese beiden Werte, welche in demselben Maßstab wie die $\frac{\Delta h}{\Delta f}$ aufzutragen sind, begrenzen den Bereich der möglichen δ. Da der Schnittpunkt einer bestimmten δ-Linie mit einer der beiden Kurven

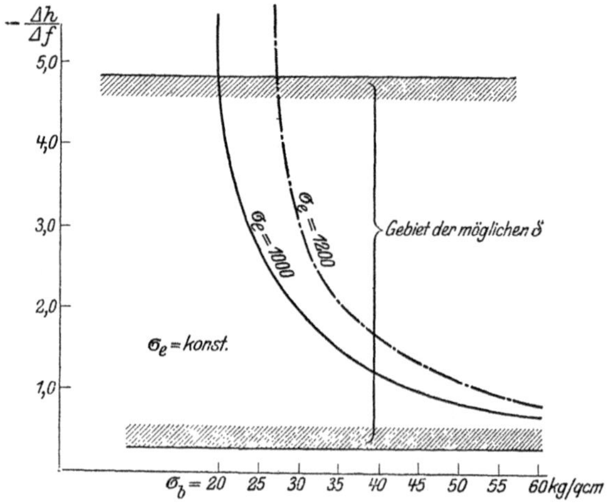

Fig. 3.

jene Betondruckspannung markiert, welche für die durch δ und σ_e gekennzeichneten Verhältnisse die wirtschaftlichste Konstruktion ergibt, so können wir ohne weiteres die Folgerung ablesen:

Je nach den Materialpreisen und der Armierungsweise können bei der Platte Betondruckspannungen bis zu 20 kg/qcm herunter wirtschaftlich sein, wenn man die üblichen Eisenzugspannungen festhält. Eine Beanspruchung von 40 oder 50 kg/qcm wird sich in vielen Fällen nicht empfehlen.

Nun ist in gleicher Weise für konstantes σ_b, das wir zu 40 und 50 kg/qcm ansetzen wollen, vorzugehen. Hierfür erhält man die Tabellen:

Tabelle III.

σ_b	σ_e	h	Δh	f	Δf	$\frac{\Delta h}{\Delta f}$
40	800	$0{,}0369\sqrt{M}$		$0{,}0395\sqrt{M}$		
			11		57	0,193
40	900	380		338		
			10		45	0,222
40	1000	390		293		
			11		36	0,306
40	1100	401		257		
			10		29	0,345
40	1200	411		228		

Tabelle IV.

σ_b	σ_e	h	Δh	f	Δf	$\frac{\Delta h}{\Delta f}$
50	800	$0,0314\sqrt{M}$		$0,0475\sqrt{M}$		
			8		68	0,12
50	900	322		407		
			8		53	0,15
50	1000	330		354		
			8		43	0,18
50	1100	338		311		
			7		34	0,21
50	1200	345		277		

Das Diagramm veranschaulicht die Resultate und ergibt den Schluß:

An Eisenzugspannung müßten wesentlich höhere als die jetzigen Werte zulässig sein, wenn bei den üblichen Betondruckspannungen die Ausnutzung des Eisens nicht immer wirtschaftlich sein sollte.

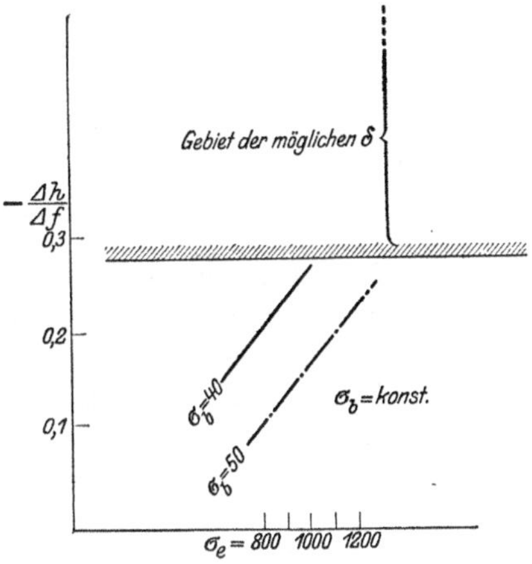

Fig. 4.

Es ist selbstverständlich, daß die Kurven für konstantes σ_b bzw. für konstantes σ_e von entgegengesetzten Seiten auf das Gebiet der möglichen δ zulaufen, weil die Nichtausnutzung der Betondruckfestigkeit hohe Eisenpreise, die Nichtausnutzung der Eisenzugfestigkeit dagegen sehr niedrige Eisenpreise voraussetzen würde.

Die exakte Antwort auf die Frage nach den günstigsten Spannungen wäre aus den beiden Diagrammen in der Weise herzuleiten, daß man jene beiden bestimmten Werte für σ_b und σ_e sucht, für welche in beiden Diagrammen der Schnittpunkt der betreffenden Kurve und der zugehörigen Spannungsvertikalen auf einer gegebenen δ-Horizontalen liegt.

In allen Fällen wachsen diese beiden Spannungen ins Unendliche. Somit muß man sich an die vorgeschriebenen Grenzen halten, und zwar in erster Linie beim Eisen, weil sie hier weit eher überschritten wird. Die nachstehenden Untersuchungen haben also von der zunächst nur für die Platte giltigen Regel auszugehen:

Für die Eisenzugspannung ist stets der zulässige Wert anzusetzen. Die Betondruckspannung ist aus der Bedingung der Wirtschaftlichkeit zu berechnen.

1. Die einfach armierte Platte ohne Rücksicht auf das Eigengewicht.

Es kommt vor, daß das Eigengewicht überhaupt nicht zur Biegung der Platte beiträgt, z. B. wenn dieselbe aufrecht steht und durch seitliche Kräfte (Winddruck, Wasserdruck) beansprucht wird, oder wenn, wie bei Fundamentplatten, das Eigengewicht direkt aufgenommen wird und nicht von der Platte auf die Auflager übertragen zu werden braucht.

Zu einer angenommenen Plattenstärke gehört, unter Einhaltung des vorgeschriebenen σ_e, eine bestimmte Eisenmenge; beide ändern sich in entgegengesetztem Sinn, wenn das angreifende Biegungsmoment konstant ist. Die Schalung wird dadurch nicht beeinflußt, scheidet also aus. Ebenso können wir die Betondeckschicht, d. h. die wenigen Zentimeter Beton von Zugkante bis Eisenmitte, als unveränderlich weglassen.

a) Näherungsrechnung.

Zur Vereinfachung der Rechnung nehmen wir zunächst die Lage des Druckmittelpunktes als fest an, so daß der Hebelarm der inneren Kräfte stets $^7/_8$ h beträgt. Für eine wechselnde Betonrandspannung ist das nicht genau richtig, gilt vielmehr streng genommen bloß für $\sigma_e : \sigma_b = 25$, also für Spannungen von 40 und 1000, oder 48 und 1200 kg/qcm.

Bei gegebener Plattenstärke $h = d - a$ ist dann die nötige Eisenquerschnittfläche

$$f = \frac{8\,M}{7\,h\,\sigma_e}.$$

Wir verstehen nun wie früher unter β den Preis von 0,01 cbm Beton, unter ε den Preis für das kg Eisen, beides in Pfennigen gedacht und auf das fertige Bauwerk bezogen. Den Massenkoeffizienten r lassen wir zunächst allgemein, derart, daß 1 qcm statisch nötiger Eisenquerschnitt r kg Eisen auf den Quadratmeter Platte erforderlich macht. Dann ist

$$K = h \cdot \beta + \varepsilon \cdot r \cdot f = h \cdot \beta + \frac{8\,M}{7\,h\,\sigma_e} \cdot \varepsilon \cdot r,$$

$$\frac{dK}{dh} = \beta - \frac{8\,\varepsilon\,r\,M}{7\,h^2\,\sigma_e} = 0,$$

daraus

$$h = \sqrt{\frac{8\,\varepsilon\,r\,M}{7\,\beta\,\sigma_e}} = \sqrt{\frac{8\,r}{7}} \cdot \sqrt{\frac{\varepsilon}{\beta}} \cdot \sqrt{\frac{M}{\sigma_e}}. \qquad 6.)$$

Der Massenkoeffizient r muß hierbei alles umfassen, was in Prozenten der Trageisen angenommen wird, also auch die Verteilungseisen; bei der kontinuierlichen Platte sind besonders auch die oberen Eisen hereinzunehmen, weil diese zur Plattenstärke ebenso im Verhältnis stehen wie die Trageisen, also diesen proportional sind; auch der Aufwand für Verankerungen und Übergreifungen der Tragstäbe ist einzubegreifen, weil gerade dieser Teil der Masse der Tragstäbe streng proportional ist.

Wir wollen also, je nachdem es sich um eine frei aufliegende oder um eine kontinuierliche Platte handelt, $r = 1{,}0$ oder $r = 1{,}35$ ansetzen, außerdem $\sigma_e = 1000$ und $\sigma_e = 1200$ kg/qcm in Betracht ziehen. Wir bekommen dann für $\sqrt{\frac{8\,r}{7\,\sigma_e}}$ die Werte:

	$r = 1{,}0$	$r = 1{,}35$
$\sigma_e = 1000$	0,0338	0,0393
$\sigma_e = 1200$	0,0309	0,0359.

Als Grenzen der Baustoffpreise haben wir angenommen:

10 und 46 M./cbm für den Beton,
16 und 20 Pf./kg für das Eisen.

Die äußersten Werte für $\sqrt{\frac{\varepsilon}{\beta}}$ werden hiermit:

$$\sqrt{\frac{20}{10}} = 1{,}414 \text{ bzw. } \sqrt{\frac{16}{46}} = 0{,}588.$$

Die Formel für h kann daher schwanken zwischen

$$0{,}0393 \cdot 1{,}414 \sqrt{M} = 0{,}0556 \sqrt{M} \quad \text{und}$$

$$0{,}0309 \cdot 0{,}588 \sqrt{M} = 0{,}0182 \sqrt{M}.$$

Man sieht vorerst, daß die wirtschaftlichen Abmessungen ebenso stark schwanken wie die Materialpreise. Man braucht nicht einzuwenden, daß unsere Zahlen für die letzteren besonders weit gegriffen seien. Erstens binden wir uns überhaupt nicht an die zufällig gerade geltenden Tagespreise, denn diese können sich (zumal beim Eisen) rasch und gründlich ändern; zweitens kann z. B. an einer schwer zugänglichen Baustelle, wo der Kies der Baugrube den Beton sehr billig, die Transportkosten aber das Eisen sehr teuer machen, ganz gut der eine Grenzfall eintreten; gar nicht zu reden vom Ausland, wo die Abweichungen viel weiter gehen können und vielleicht noch durch die Differenz zwischen den Löhnen gelernter Arbeiter, wie man sie für das

Eisenflechten braucht, und ungelernter, wie man sie für den Betonierbetrieb zum großen Teil verwenden kann, gesteigert werden[1]).

Ferner ergibt sich, daß die für die Ausnutzung der Grenzspannungen 40 und 1000 kg/qcm geltende Beziehung

$$h = 0{,}039 \sqrt{M}$$

mitten zwischen unseren beiden Schlußwerten liegt. Also schon für die einfache Platte kann bei besonderen örtlichen Verhältnissen die Ausnutzung der Betonfestigkeit unwirtschaftlich werden. Durch diese Feststellung rechtfertigt sich die genaue Untersuchung, welche wir folgen lassen.

b) Genaue Rechnung.

Die Spannungsverteilung in der Platte ist gegeben durch die bekannten Gleichungen:

$$M = D\left(h - \frac{x}{3}\right); \qquad D = \frac{b}{2} x \sigma_b = f \sigma_e; \qquad \frac{n \sigma_b}{x} = \frac{\sigma_e}{h - x}.$$

Wir entnehmen aus der letzten den Wert

$$\sigma_b = \frac{x \sigma_e}{n(h - x)}.$$

und setzen ihn in die zweite ein:

$$\frac{b x^2}{2n(h - x)} = f, \qquad b x^2 = 2 n f (h - x). \tag{7.)}$$

Dazu kommt aus der zweiten und ersten Gleichung

$$M = \sigma_e f \left(h - \frac{x}{3}\right). \tag{8.)}$$

Die Größe σ_b, die uns zunächst nicht interessiert, ist jetzt bereits eliminiert. Die letzten beiden Gleichungen 7.) und 8.) enthalten außer h und f, deren gegenseitige Abhängigkeit wir ermitteln wollen, keine Variable als x, das noch zu eliminieren ist. Wir entnehmen aus 8:

$$x = 3\left(h - \frac{M}{f \sigma_e}\right).$$

[1]) Dazu bietet die Zeitschrift „Engineering & Contracting“ (Chicago) am 13. Sept. 1911, S. 270, in einem Artikel „Conditions affecting efficient construction work in the Philippines“ von R. A. Small einen interessanten Beitrag. Hiernach kostet auf den Philippinen der Taglöhner 1,60 M. pro Tag (gegen 2 M. pro Stunde in den Vereinigten Staaten), was den Beton sehr billig macht; dagegen erfordert das Eisen entweder 5 Monate Lieferzeit oder aber sehr hohe Preise für die kleinen Handvorräte. Dort müßte also weitgehendes Eisensparen mittels geringer Betonbeanspruchung selbstverständlich sein.

Durch Einsetzen in 7.) kommen wir auf:

$$9\,b\left(h-\frac{M}{f\,\sigma_e}\right)^2 = 2\,n\,f\left[h-3\left(h-\frac{M}{f\,\sigma_e}\right)\right].$$

Dies läßt sich umformen zu:

$$h^2 \cdot 9\,b\sigma_e^2\,f^2 + h \cdot 2\,f\sigma_e\,(2\,n\,f^2\,\sigma_e - 9\,M\,b) + 3\,M\,(3\,M\,b - 2\,n\,f^2\,\sigma_e) = 0. \qquad 9.)$$

Die Lösung dieser quadratischen Gleichung lautet umgeformt:

$$h = -\frac{2\,n\,f}{9\,b} + \frac{M}{f\,\sigma_e} \underset{(-)}{+} \sqrt{\frac{4\,n^2\,f^2}{81\,b^2} + \frac{2\,M\,n}{9\,b\,\sigma_e}}. \qquad 10.)$$

Die Frage nach dem Vorzeichen der Wurzel ist dabei leicht zu entscheiden; eine Proberechnung mit irgendwelchen bekannten Werten ergibt das Pluszeichen als giltig. Übrigens ist auch zu ersehen, daß das zweite Glied den Hebelarm der inneren Kräfte vorstellt, und daß man hiervon nicht ausschließlich subtrahieren darf, wenn man die ganze Querschnitthöhe bekommen will.

Wir rechnen nun weiter:

$$\frac{dh}{df} = -\frac{2\,n}{9\,b} - \frac{M}{f^2\,\sigma_e} + \frac{4\,n^2\,f}{81\,b^2\sqrt{\frac{4\,n^2\,f^2}{81\,b^2} + \frac{2\,M\,n}{9\,b\,\sigma_e}}} =$$

$$= -\frac{2\,n}{9\,b} - \frac{M}{f^2\,\sigma_e} + \frac{2\,n\,f}{9\,b\sqrt{f^2 + \frac{9\,M\,b}{2\,n\,\sigma_e}}}. \qquad 11.)$$

Der Ansatz für die Kosten ist wie oben

$$K = h \cdot \beta + \varepsilon \cdot r \cdot f,$$

woraus

$$dK = \beta \cdot dh + \varepsilon\,r\,df = 0,$$

$$\frac{dh}{df} = -\frac{\varepsilon\,r}{\beta}.$$

Diese Beziehung mit 11.) zusammengenommen ergibt den wirtschaftlichen Wert von f, der dann in die Gleichung für h einzusetzen ist.

Zuerst prüfen wir jedoch, unter welchen Bedingungen die Dimensionierung mit Ausnutzung der Spannungen wirtschaftlich ist. Als unabhängige Variable benutzen wir hierbei aus Gründen der einfacheren Rechnung die Eiseneinlage f und bilden

$$\frac{dK}{df} = \beta \cdot \frac{dh}{df} + \varepsilon\,r = \varepsilon\,r - \beta\left(\frac{M}{f^2\,\sigma_e} + \frac{2\,n}{9\,b} - \frac{2\,n\,f}{9\,b\sqrt{f^2 + \frac{9\,M\,b}{2\,n\,\sigma_e}}}\right). \qquad 12.)$$

In diese Gleichung sind nun sämtliche Größen mit ihrem bisher gewohnten Betrage einzusetzen, also

$$n = 15,\ b = 100\ \text{cm},\ \sigma_e = 1000\ \text{kg/qcm},\ f = 0{,}0293\sqrt{M}\ (\text{für}\ \sigma_b = 40\ \text{kg/qcm});$$

$$\frac{dK}{df} = \varepsilon r - \beta\left(\frac{M}{1000\cdot 0{,}0008585\ M} + \frac{2\cdot 15}{9\cdot 100} - \frac{2\cdot 15\cdot 0{,}0293\sqrt{M}}{900\sqrt{0{,}0008585\,M} + 0{,}03\,M}\right)$$
$$= \varepsilon r - 1{,}194\ \beta.$$

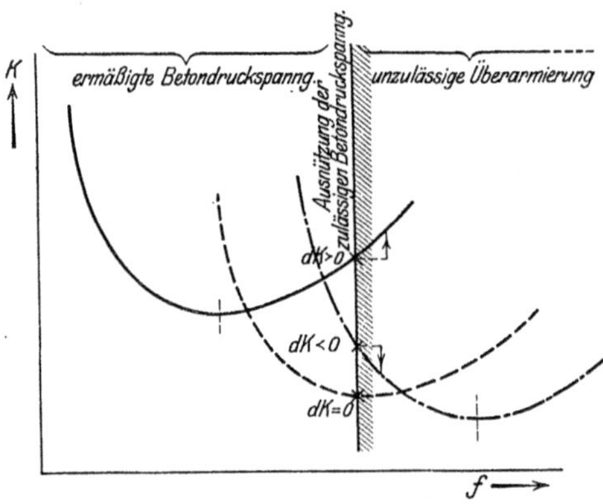

Fig. 5.

Die Eiseneinlage darf bloß schwächer bemessen werden, als sie der Ausnutzung der Betondruckspannung entspricht, aber nicht stärker, weil andernfalls der Beton zu hoch beansprucht wird. Die Dimensionierung nach der Betondruckspannung ist also auch dann wirtschaftlich, wenn eine Verminderung der Kosten eine Vermehrung der Eiseneinlage bedingen würde, wenn also

$$\frac{dK}{df} \leqq 0, \qquad r\varepsilon - 1{,}194\,\beta \leqq 0, \qquad \frac{\varepsilon}{\beta} \leqq \frac{1{,}194}{r}.$$

Fügen wir zu der Annahme von $\sigma_e = 1000$ kg/qcm noch wie oben die weitere, für die kontinuierliche Platte giltige

$$r = 1{,}35,$$

so wird

$$\frac{\varepsilon}{\beta} \leqq \frac{1{,}194}{1{,}35};\ \beta \geqq 1{,}13\,\varepsilon.$$

Wir rechnen noch die entsprechenden Ziffern für $\sigma_e = 1200$ kg/qcm und $r = 1{,}0$, sowie für die Betondruckspannungen 40 und 50 kg/qcm und erhalten die Regel:

Bei der einfachen Platte liefert die Dimensionierung nach den zulässigen Spannungen ein wirtschaftlich richtiges Ergebnis, wenn der Beton im fertigen Bauwerk für das Hundertstel Kukibmeter mehr als das αfache des fertig eingebauten Kilogramms Eisen kostet. Der Wert α ist für

Tabelle V.

	r = 1,0	r = 1,35
σ_b/σ_e = 40/1000	0,84	1,13
40/1200	0,61	0,83
50/1000	1,21	1,63
50/1200	0,90	1,21.

Die Werte bewegen sich auf einem Gebiet, das keineswegs außerhalb der praktischen Möglichkeit liegt, sondern einen gewissen Bruchteil aller praktischen Fälle umfaßt. Die Zahlenwerte für 1000 und 50 kg/qcm, welche nach den preußischen Vorschriften denkbar sind, würden sogar bis in den Durchschnitt der Tagespreise hereingreifen. —

Wir bestimmen nun das tatsächliche Minimum:

$$-\frac{dh}{df} = +\frac{\varepsilon r}{\beta} = \delta = \frac{2n}{9b} + \frac{M}{\sigma_e f^2} - \frac{2nf}{9b\sqrt{f^2 + \frac{9Mb}{2n\sigma_e}}}. \quad 13.)$$

Der Wert von δ ist im einzelnen Fall gegeben, so daß die Gleichung nach f aufgelöst werden kann. Man erhält dabei für f eine Gleichung 6. Grades, welche mit der Substitution

$$S = f^2\sigma_e$$

folgendermaßen lautet:

$$S^3 \cdot 2n\delta(9b\delta - 4n) + S^2 \cdot 3M(27b^2\delta^2 - 24nb\delta + 4n^2) +$$
$$+ S \cdot 54M^2 b(n - 3bd) + 81M^3b^2 = 0. \quad 14.)$$

Die Auflösung dieser Gleichung ist jedoch nicht nötig. Man kann die zu gegebenen Werten von $\frac{\beta}{\varepsilon}$, r und σ_e gehörigen Dimensionierungsformeln für h und f_e aus den folgenden Tabellen entnehmen. Diese sind in der Weise berechnet, daß ein beliebiger Wert für f (z. B. $f = 0{,}019\sqrt{M}$) angesetzt, die zugehörige Formel für h nach 10.) bestimmt ($h = 0{,}05781\sqrt{M}$) und dann das entsprechende Verhältnis $\frac{\beta}{\varepsilon}$ nach Gleichung 13.) aufgesucht wurde $\left(\frac{\beta}{\varepsilon} = \frac{r}{2{,}7998}\right)$.

Tabelle VI.

Die wirtschaftliche Dimensionierung der einfachen Platte bei σ_e = 1000 kg/qcm.

Dimensionierungsformeln	Zugehöriges Preisverhältnis $\frac{\beta}{\varepsilon}$		Betondruck-spannung σ_b kg/qcm
	bei r = 1,0	bei r = 1,35	
$h = 0{,}0578\sqrt{M}$ $f = 0{,}0190\sqrt{M}$	0,36	0,48	24,5
$h = 0{,}0551\sqrt{M}$ $f = 0{,}0200\sqrt{M}$	0,40	0,53	26,0

Dimensionierungsformeln	Zugehöriges Preisverhältnis $\frac{\beta}{\varepsilon}$ bei r = 1,0	Zugehöriges Preisverhältnis $\frac{\beta}{\varepsilon}$ bei r = 1,35	Betondruck-spannung σ_b kg/qcm
$h = 0{,}0527\sqrt{M}$ $f = 0{,}0210\sqrt{M}$	0,44	0,59	27,4
$h = 0{,}0505\sqrt{M}$ $f = 0{,}0220\sqrt{M}$	0,48	0,64	28,9
$h = 0{,}0485\sqrt{M}$ $f = 0{,}0230\sqrt{M}$	0,52	0,70	30,4
$h = 0{,}0467\sqrt{M}$ $f = 0{,}0240\sqrt{M}$	0,57	0,77	31,8
$h = 0{,}0450\sqrt{M}$ $f = 0{,}0250\sqrt{M}$	0,61	0,83	33,3
$h = 0{,}0434\sqrt{M}$ $f = 0{,}0260\sqrt{M}$	0,66	0,90	34,9
$h = 0{,}0420\sqrt{M}$ $f = 0{,}0270\sqrt{M}$	0,71	0,96	36,5
$h = 0{,}0406\sqrt{M}$ $f = 0{,}0280\sqrt{M}$	0,77	1,04	38,0
$h = 0{,}0394\sqrt{M}$ $f = 0{,}0290\sqrt{M}$	0,82	1,11	39,6
$h = 0{,}0382\sqrt{M}$ $f = 0{,}0300\sqrt{M}$	0,88	1,19	41,2
$h = 0{,}0371\sqrt{M}$ $f = 0{,}0310\sqrt{M}$	0,94	1,26	42,9
$h = 0{,}0361\sqrt{M}$ $f = 0{,}0320\sqrt{M}$	1,00	1,34	44,5
$h = 0{,}0351\sqrt{M}$ $f = 0{,}0330\sqrt{M}$	1,06	1,43	46,2
$h = 0{,}0342\sqrt{M}$ $f = 0{,}0340\sqrt{M}$	1,12	1,51	47,9
$h = 0{,}0333\sqrt{M}$ $f = 0{,}0350\sqrt{M}$	1,19	1,60	49,5.

Tabelle VII.

Die wirtschaftliche Dimensionierung der einfachen Platte bei $\sigma_e = 1200$ kg/qcm.

Dimensionierungsformeln	Zugehöriges Preisverhältnis $\frac{\beta}{\varepsilon}$ bei r = 1,0	Zugehöriges Preisverhältnis $\frac{\beta}{\varepsilon}$ bei r = 1,35	Betondruckspannung σ_b kg/qcm
$h = 0{,}0538 \sqrt{M}$ $f = 0{,}0170 \sqrt{M}$	0,34	0,46	28,7
$h = 0{,}0510 \sqrt{M}$ $f = 0{,}0180 \sqrt{M}$	0,38	0,52	30,6
$h = 0{,}0485 \sqrt{M}$ $f = 0{,}0190 \sqrt{M}$	0,43	0,58	32,6
$h = 0{,}0463 \sqrt{M}$ $f = 0{,}0200 \sqrt{M}$	0,47	0,64	34,5
$h = 0{,}0443 \sqrt{M}$ $f = 0{,}0210 \sqrt{M}$	0,52	0,70	36,5
$h = 0{,}0425 \sqrt{M}$ $f = 0{,}0220 \sqrt{M}$	0,57	0,77	38,4
$h = 0{,}0408 \sqrt{M}$ $f = 0{,}0230 \sqrt{M}$	0,62	0,84	40,4
$h = 0{,}0393 \sqrt{M}$ $f = 0{,}0240 \sqrt{M}$	0,68	0,92	42,4
$h = 0{,}0379 \sqrt{M}$ $f = 0{,}0250 \sqrt{M}$	0,73	0,99	44,5
$h = 0{,}0365 \sqrt{M}$ $f = 0{,}0260 \sqrt{M}$	0,79	1,07	46,6
$h = 0{,}0353 \sqrt{M}$ $f = 0{,}0270 \sqrt{M}$	0,86	1,15	48,6
$h = 0{,}0342 \sqrt{M}$ $f = 0{,}0280 \sqrt{M}$	0,92	1,24	50,7.

Die Zahlenergebnisse der genauen Rechnung setzen uns in den Stand, die Genauigkeit der früher gegebenen Näherungsformel zu beurteilen. Unter Annahme von r = 1,0 stellen wir gegenüber:

Preisverhältnis $\frac{\beta}{\varepsilon}$		Zugehörige wirtschaftliche Dimensionierung nach der genauen Rechnung b)	nach der angenäherten Rechnung a)
$\sigma_e = 1000$ kg/qcm	0,36	$h = 0{,}0578\sqrt{M}$ $f = 0{,}0190\sqrt{M}$	$h = 0{,}0564\sqrt{M}$ $f = 0{,}0203\sqrt{M}$
	1,19	$h = 0{,}0333\sqrt{M}$ $f = 0{,}0350\sqrt{M}$	$h = 0{,}0310\sqrt{M}$ $f = 0{,}0369\sqrt{M}$
$\sigma_e = 1200$ kg/qcm	0,34	$h = 0{,}0538\sqrt{M}$ $f = 0{,}0170\sqrt{M}$	$h = 0{,}0529\sqrt{M}$ $f = 0{,}0180\sqrt{M}$
	0,92	$h = 0{,}0342\sqrt{M}$ $f = 0{,}0280\sqrt{M}$	$h = 0{,}0322\sqrt{M}$ $f = 0{,}0296\sqrt{M}$.

Der Unterschied in den Resultaten wird gerade bei den praktisch wichtigsten Fällen am größten, nämlich $7^1/_2$ %. Der Fehler liegt nicht daran, daß für den Hebelarm der inneren Kräfte bei den veränderten Spannungen der angenommene Wert $^7/_8$ h nicht zutrifft; er müßte sich ja dann dadurch beseitigen lassen, daß man an Hand der genaueren Rechnung einen passenderen Wert für diese Annahme sucht. Man bekäme hierfür aber unmögliche Zahlen. Die Sache erklärt sich vielmehr so, daß die angenommene Konstanz des Koeffizienten $^7/_8$ nicht zutrifft, daß derselbe also beim Differenzieren nicht einfach stehen bleibt und hierdurch die Lage des Minimums sich verschiebt.

Weitere Bemühungen um diese Annäherung haben nach der genauen Lösung der Aufgabe keinen Zweck.

Die Resultate der genauen Untersuchung lassen sich auch auf folgendem Wege gewinnen. Man braucht als unabhängige Veränderliche nicht unbedingt eine der beiden direkt maßgebenden Größen h und f zu wählen, sondern kann auch eine dritte Veränderliche benutzen, wenn dies die Rechnung erleichtert. Nehmen wir hierfür die Höhe der Druckzone x, so wird

$$K = \beta \cdot h + \varepsilon \cdot r \cdot f,$$

$$\frac{dK}{dx} = \beta \frac{dh}{dx} + \varepsilon r \frac{df}{dx} = 0,$$

$$\frac{dh}{dx} + \frac{\varepsilon r}{\beta} \frac{df}{dx} = 0. \qquad 15.)$$

Wir müssen dann für die Veränderlichen h und f jene Ausdrücke suchen, welche außer x nur Konstanten enthalten; man bekommt sie durch einfaches Eliminieren aus den Grundgleichungen. Wir benutzen dafür die früheren beiden Formeln 7.) und 8.), welche bereits σ_b nicht mehr enthalten:

$$M = f\,\sigma_e \left(h - \frac{x}{3}\right) \text{ und } b\,x^2 = 2\,n\,f\,(h - x).$$

Anstatt nun wie früher x zu eliminieren, wollen wir einmal f und einmal h ausscheiden und bekommen:

$$h = \frac{6\,M\,n\,x - b\,x^3\,\sigma_e}{6\,M\,n - 3\,b\,x^2\,\sigma_e}, \qquad 16.)$$

bzw.

$$f = \frac{3\,M}{2\,x\,\sigma_e} - \frac{3\,b\,x}{4\,n}. \qquad 17.)$$

Durch Differenzieren wird

$$\frac{dh}{dx} = 1 + \frac{2}{3}\,b\,x^2\,\sigma_e \cdot \frac{6\,M\,n - b\,x^2\,\sigma_e}{(2\,M\,n - b\,x^2\,\sigma_e)^2}, \qquad 18.)$$

$$\frac{df}{dx} = -\frac{3\,M}{2\,x^2\,\sigma_e} - \frac{3\,b}{4\,n}. \qquad 19.)$$

Führen wir diese Werte in die Minimumsbedingung 15.) ein und bezeichnen wie früher $\frac{\varepsilon\,r}{\beta} = \delta$, so erhalten wir die Bestimmungsgleichung:

$$\frac{4}{9}\,n\,x^2\,\sigma_e\,(12\,M^2 n^2 + b^2 x^4 \sigma_e^2) - \delta\,(2\,M\,n - b\,x^2\,\sigma_e)^2\,(2\,M\,n + b\,x^2\,\sigma_e) = 0,$$

welche mit der Substitution $b\,x^2\,\sigma_e = T$ und $2\,M\,n = N$ übergeht in

$$\frac{4\,n}{9\,b}\,T\,(3\,N^2 + T^2) - \delta\,(N - T)^2\,(N + T) = 0. \qquad 20.)$$

Die Gleichung ist, wie von früher her zu erwarten war, vom 6. Grade nach x. Man umgeht ihre Auflösung, indem man zu einem beliebig gewählten x, dem bekannte Dimensionierungsformeln entsprechen, den zugehörigen Wert von δ bzw. von $\frac{\beta}{\varepsilon}$ berechnet.

Für die Durchführung der Tabellenrechnung ist dieses Verfahren dem früheren nicht vorzuziehen, da es eine Unbekannte mehr hereinbringt und nicht weniger Rechenarbeit erfordert. Dagegen erscheinen die mathematischen Ausdrücke einfacher, was für künftige verwickeltere Fälle einen wichtigen Fingerzeig gibt.

2. Die einfach armierte Platte mit Berücksichtigung des Eigengewichtes.

Wenn die Belastung der Platte in derselben Vertikalebene wirkt wie ihr Eigengewicht, so gestaltet sich die genaue Rechnung folgendermaßen.

Das Biegungsmoment infolge der äußeren Lasten (und der statisch nicht wirksamen Deckschicht außerhalb der Trageisen) sei M_0; das Biegungsmoment infolge Eigengewicht hat stets die Form $M_g = \alpha \cdot h$. Anstatt der Gleichungen 7.) und 8.) haben wir dann zu schreiben

$$b\,x^2 = 2\,n\,f(h - x) \tag{7.)}$$

und

$$M_0 + \alpha\,h = \sigma_e\,f\left(h - \frac{x}{3}\right). \tag{21.)}$$

Man könnte zunächst wieder eine annähernde Lösung versuchen mit der Annahme, daß der Hebelarm der inneren Kräfte konstant gleich $^7/_8$ h bleibt. Gleichung 21.) ist dann zu ersetzen durch

$$M_0 + \alpha\,h = \frac{7}{8}\,h\,\sigma_e\,f,$$

woraus

$$f = \frac{8}{7\,\sigma_e}\left(\frac{M_0}{h} + \alpha\right).$$

Man sieht hier bereits, daß die Bildung des Differentialquotienten durch das Vorhandensein des Wertes α nicht beeinflußt wird. Die Rechnung kann deshalb nur auf die Gleichung 6.) führen.

Nach diesem Ergebnis müßte das Kostenminimum für diesen Fall bei den gleichen Dimensionen liegen, wie wenn man den Einfluß des Eigengewichtes nicht berücksichtigt. Für diese feinere Untersuchung ist also die benutzte Annäherung wieder nicht brauchbar.

Sonstige vereinfachende Annahmen können bei der Eigenart der gegenwärtigen Aufgabe nur in Anpassung an bestimmte Verhältnisse des einzelnen Falles aufgestellt werden. Wir geben deshalb im folgenden die genaue Theorie.

Der direkte Weg, nämlich x zu eliminieren und die so erhaltene Abhängigkeit zwischen h und f zu differenzieren, führt zu langwierigen Formeln; deshalb schlagen wir den Umweg ein, x als unabhängige Veränderliche anzusehen. Für h und f ergeben sich dann folgende Funktionen:

$$h = \frac{x}{2} - \frac{M_0}{2\,\alpha} + \frac{3\,b\,x^2\,\sigma_e + \sqrt{A}}{12\,n\,\alpha}, \tag{22.)}$$

$$f = \frac{3}{4} \cdot \frac{M_0 + \alpha\,x}{x\,\sigma_e} - \frac{3\,b\,x}{8\,n} + \frac{\sqrt{A}}{8\,n\,x\,\sigma_e}, \tag{23.)}$$

$$A = 9\,(2\,M_0\,n + 2\,n\,\alpha\,x - b\,x^2\,\sigma_e)^2 + 48\,\alpha\,n\,x^3\,b\,\sigma_e. \tag{24.)}$$

Hierbei sind die Vorzeichen der Quadratwurzeln zunächst unbestimmt, lassen sich aber durch eine Proberechnung ohne weiteres in dem angegebenen Sinn entscheiden.

Der kontrollierende Vergleich mit den Formeln 16.) und 17.) wird dadurch erschwert, daß die Formel 22.) für den speziellen Fall $\alpha = 0$ die unbestimmte Form $\frac{0}{0}$ annimmt; die weitere Behandlung nach den bekannten Regeln der Mathematik führt jedoch richtig auf die erwartete Identität.

Durch Differenzieren erhält man

$$\frac{dh}{dx} = \frac{1}{2} + \frac{b\,x\,\sigma_e}{2\,n\,\alpha} + \frac{1}{24\,n\,\alpha\sqrt{A}} \cdot \frac{dA}{dx}; \qquad 25.)$$

$$\frac{df}{dx} = -\frac{3\,b}{8\,n} - \frac{6\,M_0\,n + \sqrt{A}}{8\,n\,x^2\,\sigma_e} + \frac{1}{16\,n\,x\,\sigma_e\sqrt{A}} \cdot \frac{dA}{dx}; \qquad 26.)$$

$$\frac{dA}{dx} = 36\,(2\,n^2\,\alpha^2\,x + b^2\,x^3\,\sigma_e^2 + 2\,M_0\,n^2\,\alpha - 2\,M_0\,n\,b\,x\,\sigma_e + b\,n\,\alpha\,x^2\,\sigma_e). \qquad 27.)$$

Zusammen mit Gleichung 15.)

$$\frac{dh}{dx} + \frac{\varepsilon\,r}{\beta} \cdot \frac{df}{dx} = 0$$

geben sie die Lösung der Aufgabe.

Im Fall der praktischen Anwendung hat man wieder so vorzugehen, daß man für x einen passend erscheinenden Wert (diesmal in cm) wählt und das zugehörige Preisverhältnis $\frac{\beta}{\varepsilon}$ rechnet. Die Aufstellung von Tabellen empfiehlt sich in diesem Falle abgesehen von seiner geringeren Bedeutung schon deshalb nicht, weil außer für σ_e auch für den Koeffizienten α ganz beliebige Werte gegeben sein können.

3. Die einfach armierte Platte mit Berücksichtigung der Zementersparnis bei geringerer Betondruckspannung.

Bei gewissen Aufgaben der Praxis hängt die Wirtschaftlichkeit einer verdickten Konstruktion davon ab, ob für den geringer beanspruchten Beton eine weniger fette Mischung statthaft ist.

Hierfür geben uns die preußischen Vorschriften mit der Bestimmung, daß als Betondruckspannung ein Sechstel der Druckfestigkeit zugelassen wird, einen passenden Maßstab. Für den Zusammenhang zwischen Mischungsverhältnis und Druckfestigkeit benutzen wir als Zahlenbeispiel die Angaben aus den „Statischen Tabellen“ von Fr. Börner, 4. Aufl., S. 54. In folgender Zusammenstellung ist neben den Zahlen aus dieser Quelle auch die als Sechstel gerechnete zulässige Spannung angegeben. Ferner ist der Zementbedarf für jedes

Mischungsverhältnis unter Annahme von 25 % Einstampfung gerechnet.

Tabelle VIII.

Mischungs-verhältnis	Durchschnittliche Druckfestigkeit	$^1/_6$ hiervon	Zementbedarf in kg auf den festen cbm	Ergebnis der Formel 28.)
1 : 2	400	66,7	875	
$2^1/_2$	350	58,3	700	
⋮	⋮	⋮	⋮	
5	200	33,3	350	(350
6	150	25,0	292	292
7	120	20,0	250	257
8	100	16,7	219	234)
⋮	⋮	⋮	⋮	
12	60	10,0	146	

Für die Anwendung kehrt man die Sache natürlich in der Weise um, daß man die auftretende Betonspannung berechnet und das zugehörige Mischungsverhältnis bzw. den Zementbedarf durch Interpolieren bestimmt.

Im Anschluß hieran kommt man ohne weiteres auf eine sehr einfache indirekte Methode für eine angenäherte Beantwortung der gegenwärtigen Aufgabe: Man bestimmt zunächst die Preise β und ε unter Annahme eines passenden Mischungsverhältnisses; alsdann entnimmt man aus den Tabellen auf S. 21 bis 23, welche Betondruckspannung bei diesem Preisverhältnis wirtschaftlich ist. Wenn die Spannung nun nicht dem angenommenen Mischungsverhältnis entspricht, so hat man dieses entsprechend zu korrigieren, bis die Größen: Mischungsverhältnis, Preisverhältnis und Betondruckspannung nach beiden Tabellen zusammenpassen. —

Für eine genaue analytische Behandlung müßte man zunächst den Zementbedarf als Funktion der Betonbeanspruchung darstellen. Für unser Beispiel liefert der Ansatz

$$z = 7\,\sigma_b + 117 \qquad 28.)$$

die Werte, welche wir in der letzten Spalte der Tabelle für die in Betracht kommenden Mischungsverhältnisse eingeschrieben haben. Daß für die mageren Mischungen der Zementbedarf zu groß erscheint, ist erwünscht, weil man in diesen Fällen die Eisen mit Zementmilch anstreichen muß und deshalb eine Zementreserve braucht.

Wenn wir eine derartige Formel für das Zementquantum in die Betonkalkulation einführen, so bekommen wir für den Betonpreis einen analogen Ausdruck

$$\beta = B + G\,\sigma_b, \qquad 29.)$$

dessen Konstanten von den örtlichen Verhältnissen abhängen.

Die Formel für die Kostensumme wird hiermit

$$K = h\,(B + G\,\sigma_b) + \varepsilon\, r\, f;$$

mit der Abkürzung $\zeta = \varepsilon\, r$ geht sie über in

$$K = B\,h + G\,h\,\sigma_b + \zeta\, f. \qquad 30.)$$

Die Wahl der unabhängigen Veränderlichen, nach welcher differenziert werden soll, hängt auch hier wieder einzig von dem Bestreben ab, die nachfolgenden Entwicklungen möglichst einfach zu halten. Es erweist sich vorteilhaft, hierfür die Betondruckspannung σ_b zu benutzen:

$$\frac{dK}{d\sigma_b} = \frac{dh}{d\sigma_b}(B + G\,\sigma_b) + G\,h + \zeta\frac{df}{d\sigma_b} = 0. \qquad 31.)$$

Hier zeigt sich, welcher Fehler bei der erstgenannten einfachen Methode gemacht wurde. Wenn man die Tabelle I benutzt, so nimmt man stillschweigend beim Differenzieren den Betonpreis als konstant an; man vernachlässigt also in Gleichung 31.) den Summanden $G \cdot h$. Betrachtet man die Tabelle I mit Hinsicht auf die Größe von h und $dh : d\sigma_b$, so erkennt man, daß die Vernachlässigung keineswegs unbedeutend ist. Wir werden auf S. 35 ein ziffernmäßiges Beispiel dafür bringen.

Die nächste Aufgabe besteht nun darin, die beiden Veränderlichen f und h als direkt oder indirekt abhängig von σ_b darzustellen. Aus den vier Ausgangsgleichungen

$$M = D\left(h - \frac{x}{3}\right); \qquad D = \frac{b\,x}{2}\sigma_b = f\,\sigma_e; \qquad \frac{n\,\sigma_b}{x} = \frac{\sigma_e}{h - x}$$

läßt sich zunächst durch Eliminieren von x und h die Beziehung gewinnen:

$$f = \frac{\sigma_b}{\sigma_e}\sqrt{\frac{3\,M\,n\,b}{4\,n\,\sigma_b + 6\,\sigma_e}}, \qquad 32.)$$

welche mit den Substitutionen

$$v = 4\,n\,\sigma_b + 6\,\sigma_e \text{ und } w = \sqrt{\frac{3\,M\,n\,b}{v}}$$

übergeht in

$$f = \frac{w\,\sigma_b}{\sigma_e}.$$

Die Beziehung 32.) ermöglicht die direkte Berechnung der Eisendimensionierungsformeln aus den Spannungsgrenzen.

Ferner können wir die erste der obigen vier Gleichungen folgendermaßen schreiben:

$$h = \frac{M}{D} + \frac{x}{3}.$$

Wenn wir aus der zweiten und dritten Gleichung die Werte für D und x als Vielfache von f ausdrücken und hier einsetzen, so wird

$$h = \frac{M}{f\,\sigma_e} + \frac{2\,f\,\sigma_e}{3\,b\,\sigma_b} = \frac{M}{w\,\sigma_b} + \frac{2\,w}{3\,b} = \frac{2\,w}{b}\left(1 + \frac{\sigma_e}{n\,\sigma_b}\right). \qquad 33.)$$

Diese Hilfsmittel führen uns auf einen verhältnismäßig wenig komplizierten Weg, die Aufgabe zu lösen. Wir können nun schrittweise differenzieren:

$$\frac{dv}{d\sigma_b} = 4\,n; \qquad \frac{dw}{d\sigma_b} = -\frac{6\,M\,n^2\,b}{v^2 \cdot w} = -\frac{2\,n\,w}{v};$$

$$\frac{df}{d\sigma_b} = 6\,M\,n\,b \cdot \frac{n\,\sigma_b + 3\,\sigma_e}{v^2\,w\,\sigma_e} = \frac{2\,w}{v\,\sigma_e}(n\,\sigma_b + 3\,\sigma_e);$$

$$\frac{dh}{d\sigma_b} = -\frac{12\,M}{w\,v^2\,\sigma_b^2}(n^2\,\sigma_b^2 + 3\,n\,\sigma_b\,\sigma_e + 3\,\sigma_e^2).$$

Wir führen nun diese Werte in die Minimumsbedingung 31.) ein und erhalten schließlich

$$2\,B\,(n^2\,\sigma_b^2 + 3\,n\,\sigma_b\,\sigma_e + 3\,\sigma_e^2) - 2\,G\,n\,\sigma_b^2\,(n\,\sigma_b + 2\,\sigma_e) -$$
$$- \zeta\,b\,n\,\frac{\sigma_b^2}{\sigma_e}(n\,\sigma_b + 3\,\sigma_e) = 0. \qquad 34.)$$

Durch diese Gleichung ist der günstigste Wert von σ_b bestimmt. Sie ist vom dritten Grad und wird deshalb am einfachsten durch Probieren gelöst. Die Hilfsgrößen v und w sind zur Erleichterung der Anwendung bereits aus ihr entfernt.

Mit der besonderen Annahme $G = 0$ geben die vorstehenden Gleichungen eine neue Lösung für die einfache Platte, Fall 1, in der Form:

$$\frac{\varepsilon\,r}{\beta} = \frac{2\,\sigma_e}{b\,n\,\sigma_b^2} \cdot \frac{n^2\,\sigma_b^2 + 3\,n\,\sigma_b\,\sigma_e + 3\,\sigma_e^2}{n\,\sigma_b + 3\,\sigma_e}. \qquad 34\,a.)$$

Da die dritten Potenzen jedoch nicht sämtlich verschwinden, so ist auch diese indirekte Lösung nicht wesentlich einfacher als die früher gegebenen.

Beispiele zu A. 1—3.

α) Als erstes Beispiel wählen wir eine durchgehende Fundamentplatte. Dieselbe sei so konstruiert, daß die Säulen in einer Richtung durch Träger verbunden sind; zwischen diese Träger, welche einen gleichmäßigen Achsabstand von $l = 4{,}00$ m haben sollen, sei die Platte kontinuierlich über eine größere Fläche gespannt. Der Bodendruck betrage (vor dem Addieren des Plattengewichtes) $p = 2{,}00$ kg/qcm. Der Preis für den fertig verarbeiteten Beton betrage wegen des einfachen Transportes und der großen beisammenliegenden Masse nur 16,00 M./cbm, für das Eisen 18 Pf./kg.

Das Biegungsmoment wird $M = \frac{20 \cdot 4^2}{24} = 13{,}3$ mt.

Nun seien als Spannungsgrenzen 50 und 1000 kg/qcm zugelassen. Man pflegt dann zu dimensionieren:

$$h = 0{,}0330 \sqrt{1\,330\,000} \;\ldots\ldots = 38{,}1 \text{ cm},$$

$$f = 0{,}0354 \sqrt{1\,330\,000} \;\ldots\ldots = 40{,}8 \text{ qcm}.$$

Die Kosten für den Quadratmeter Platte (2 cm Betonschicht zur Eisenüberdeckung nicht angerechnet) werden demnach

Beton 38,1 × 0,16 . . . . =	6,10 M.
Eisen 40,8 × 0,18 × 1,35 . . . . =	9,93
	16,03 M./qm.

Für die wirtschaftliche Dimensionierung hätten wir von dem Wert

$$\frac{\beta}{\varepsilon} = \frac{16}{18} = 0{,}89$$

auszugehen; die Koeffizienten hierfür entnehmen wir aus unserer Tabelle S. 22 und interpolieren:

$$h = 0{,}0436 \sqrt{1\,330\,000} \;\ldots\ldots = 50{,}3 \text{ cm},$$

$$f = 0{,}0259 \sqrt{1\,330\,000} \;\ldots\ldots = 29{,}9 \text{ qcm}.$$

Die Kosten werden analog den obigen:

Beton: 50,3 × 0,16 . . . . =	8,05
Eisen: 29,9 × 0,18 × 1,35 . . . . =	7,27
	15,32 M./qm.

Dabei tritt im Beton eine Druckspannung von 34,7 kg/qcm auf. Die Kostendifferenz von 71 Pf./qm ist keineswegs belanglos. Dazu kommt noch, daß die stärkere Fundierung die Stabilität des Bauwerkes erhöht, und daß sie wegen der geringeren Betonbeanspruchung eine größere Bruchsicherheit bietet.

Daß die billigere Platte um 12 cm stärker ist, kann je nach den konstruktiven Verhältnissen erwünscht sein oder nicht. Wenn sich der Aushub dadurch vermehrt, so wird man in der Stärke nicht ganz so weit gehen. Man orientiert sich dann, indem man den Wert dK : dh bildet:

$$\frac{dK}{dh} = \beta + \varepsilon r \frac{df}{dh}.$$

Wir können nun den Wert des Differentialquotienten dh : df entweder nach den Gleichungen 18.) und 19.) rechnen oder annähernd aus der Tabelle S. 22 bestimmen. Während letzteres — 0,9 ergibt, wird der genaue Wert

$$\frac{dh}{df} = -0{,}825$$

für die Spannungswerte 50 und 1000 kg/qcm. Wir führen diesen Betrag in die Kostenänderung ein:

$$\frac{dK}{dh} = 16 - \frac{1{,}35 \cdot 18}{0{,}825} = 16{,}0 - 30{,}0 = -14{,}0 .$$

Die Platte wird also für jeden Zentimeter Höhenzunahme um 14 Pf. billiger, wenn man von der Dimensionierung für 50 und 1000 kg/qcm ausgeht. Am Kostenminimum wird dieser Betrag natürlich Null, dazwischen nimmt er stetig ab; die Summierung über 12 cm ergibt die 70 Pf., welche sich als Kostendifferenz zwischen beiden Dimensionierungsweisen herausgestellt haben.

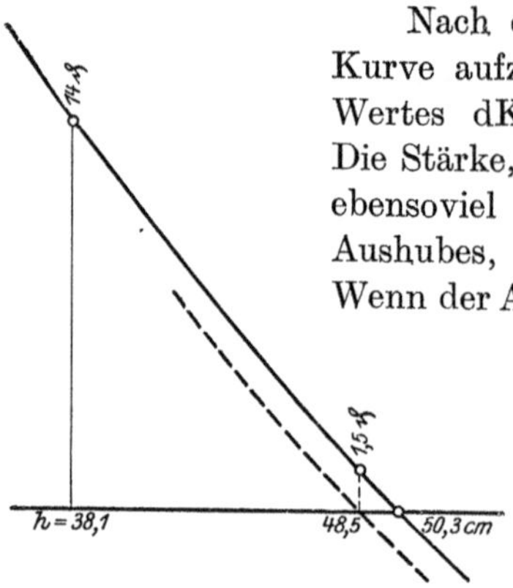

Fig. 6.

Nach diesen Angaben kann man leicht eine Kurve aufzeichnen, welche die Abhängigkeit des Wertes dK : dh von der Plattenstärke darstellt. Die Stärke, für welche die Verbilligung der Platte ebensoviel ausmacht als die Verteuerung des Aushubes, ist dann ohne weiteres abzugreifen. Wenn der Aushub zum Beispiel 1,50 M./cbm Selbstkosten erfordert, so liegt das Kostenminimum der Gesamtkonstruktion bei einer Plattenstärke von 48 cm.

Hierbei war die dickere Konstruktion der Platte deshalb im Nachteil, weil die Beschaffung des Raumes für dieselbe wieder Kosten verursachte. Andererseits sind aber auch Fälle denkbar, in denen dieser Raumbedarf einen Vorteil bedeutet. Nehmen wir an, daß die Bodenschicht, welche mit dem oben eingesetzten Druck beansprucht werden darf, erst einige Dezimeter tiefer kommt, die Betonoberkante aber durch Betriebsgründe vorgeschrieben ist, so muß über oder unter der Eisenbetonplatte eine ausfüllende Schicht Magerbeton angeordnet werden. Die stärkere Plattenkonstruktion spart dann einen Teil dieser Füllschicht; dieser Betrag addiert sich zur Kostendifferenz, und das Minimum verschiebt sich dadurch noch weiter.

Die Berechnung erfolgt am besten in der Weise, daß man den Preis für den Beton der Platte um den Preis des Magerbetons vermindert. Wenn letztere 8 M./cbm kostet, so wird

$$\beta = 16 - 8 \;.\;.\;.\;.\;.\;.\;.\;. = 8 \text{ M./cbm},$$

$$\frac{\beta}{\varepsilon} = \frac{8}{18} \;.\;.\;.\;.\;.\;.\;.\;. = 0{,}444;$$

$$h = 0{,}0600 \sqrt{1\,330\,000} \;.\;.\;. = 69{,}2 \text{ cm},$$

$$f = 0{,}0182 \sqrt{1\,330\,000} \;.\;.\;. = 21{,}0 \text{ qcm},$$

$$\text{bei } \sigma_b = 23{,}3 \text{ kg/qcm}.$$

Die Kosten werden hierfür

Beton 69,2 × 0,16 . . . . . . =	11,07
Eisen 21,0 × 0,18 × 1,35 . . =	5,11
	16,18
ab Magerbeton (69,2—38,1) × 0,08 . =	2,49
	13,69 M./qm.

Die Ersparnis an Magerbeton mußten wir natürlich zum Schluß abziehen. Die Kostendifferenz gegen die Dimensionierung nach den zulässigen Spannungen steigt jetzt schon auf 2,34 M./qm.

In gleicher Weise wie hier die Ersparnis an Füllbeton hätte man im vorhergehenden Fall die Kosten des Erdaushubes berücksichtigen können; anstatt 16 M./cbm hätte man für den Beton dann 16,00 + 1,50 = 17,50 M./cbm einsetzen und hierfür dimensionieren müssen.

Man kommt dadurch auf die allgemeine Regel:

Wenn benachbarte Konstruktionen durch den Raumbedarf der Platte beeinflußt werden, so ist dem durch eine Änderung des Betonpreises Rechnung zu tragen.

Für dieses Beispiel haben wir immer noch die erste Betonmischung festgehalten, bei welcher eine Druckspannung von 50 kg/qcm zugelassen wird. Im letzten Fall, wo die Beanspruchung bis fast auf die Hälfte sinkt, braucht sicher nicht so fett gemischt zu werden, so daß der Betonpreis noch weiter zurückgeht und das Kostenminimum eine noch dickere Platte bedingt. Das Verfahren hierfür veranschaulicht der folgende Fall.

β) Wir gehen wieder auf den Anfang des vorigen Beispiels zurück, wo die über 4 m kontinuierlich gespannte Bodenplatte ohne Rücksicht auf die äußeren Verhältnisse dimensioniert war und bei gegebenem Betonpreis eine günstigste Stärke von h = 50,3 cm erfordert hatte.

Wir wollen nun die Zementersparnis berücksichtigen, welche man bei dem schwach beanspruchten Beton erzielen kann. Die oben abgeleitete Beziehung 28.) zeigt, daß unter den dort vorausgesetzten Verhältnissen für jedes kg/qcm, um das der Beton weniger beansprucht wird, 7 kg Zement auf den Kubikmeter Beton gespart werden können. Nehmen wir an, daß der Zement 3 Pf./kg kostet, so beträgt die entsprechende Kostenverminderung 21 Pf., und wir bekommen für den Betonpreis die Formel

$$\beta = B + 0,21\ \sigma_b.$$

Aus der obigen Angabe, daß bei $\sigma_b = 50$ kg/qcm der zugehörige Wert $\beta = 16,00$ ist[1]), berechnet sich

$$B = 16,00 - 50 \cdot 0,21 = 5,50.$$

Wir haben also in Gleichung 34.) die Werte einzusetzen:

$$B = 5,5, \quad G = 0,21, \quad \sigma_e = 1000, \quad n = 15,$$
$$\zeta = 1,35 \cdot 18 = 24,3, \quad b = 100$$

und erhalten durch Umformen die Bestimmungsgleichung:

$$\sigma_b^3 + 186\ \sigma_b^2 - 772\ \sigma_b - 51\,500 = 0.$$

Sie wird befriedigt durch den Wert $\sigma_b = 17,90$ kg/qcm. Mittels der Gleichungen 32.) und 33.) rechnen wir die zugehörigen Dimensionen:

$$h = 0,0754 \sqrt{M} \quad \ldots\ldots = 87,0 \text{ cm};$$
$$f = 0,0143 \sqrt{M} \quad \ldots\ldots = 16,5 \text{ qcm}.$$

Die Kosten werden hierfür:

Beton	$0,87 \times (5,5 + 0,21 \times 17,9)$	$= 8,06$
Eisen	$16,5 \times 1,35 \times 0,18$ . . .	$= 4,00$
		12,06 M./qm.

Die Differenz gegen die frühere Dimensionierung nach den zulässigen Spannungen ist 3,97 M./qm und gegen die wirtschaftliche Bemessung ohne Rücksicht auf Zementersparnis 3,26 M./qm.

Die verschiedenen besprochenen Fälle zu kombinieren, macht keine Schwierigkeiten. Will man z. B. auf die Zementersparnis und gleichzeitig auf den vermehrten Aushub Rücksicht nehmen, so hat man nur nötig

$$B = 5,50 + 1,50 = 7,00 \text{ M./cbm}$$

zu setzen und die Rechnung in derselben Weise wie zuletzt durchzuführen. Wenn man umgekehrt außer der Zementersparnis die Verdrängung von Magerbeton in Rechnung stellt, so wird die Plattenstärke noch wesentlich größer herauskommen. Die praktische Konsequenz wird dann die sein, daß man die ganze Magerbetonschicht für die Biegung heranzieht, den Magerbeton etwas besser mischt und die Eisenstäbe in eine eigene fettere Schicht einbettet. Wenn dieses Endresultat

[1]) Wegen des Vergleichs der Kosten mit den Fällen unter *a*) sollen diese Annahmen durch das ganze Beispiel festgehalten werden, obwohl sie andere Verhältnisse als die Tabelle VIII voraussetzen.

auch dem Praktiker aus einfachen Überlegungen und Vergleichen heraus bereits bekannt war, so dürften doch die gezeigten Zwischenstadien, wie sie veränderten Bedingungen entsprechen, von Interesse sein.

Es erübrigt noch, die auf S. 28 angedeutete Näherungsmethode zahlenmäßig auf ihre Giltigkeit zu erproben.

Der Beton kostet im letzten Zahlenbeispiel 16,— M./cbm bei 50 kg/qcm rechnungsmäßiger Beanspruchung und wird für jedes kg/qcm, um das die Beanspruchung sinkt, um 21 Pf./cbm billiger. Wir suchen nun jene Betondruckspannung, für welche das Verhältnis des so gerechneten Betonpreises zum Eisenpreis den Wert annimmt, der in der Spalte für r = 1,35 mit derselben Betondruckspannung auf gleicher Zeile steht. Die Beziehung ist erfüllt für

$$\sigma = 29{,}0 \text{ kg/qcm},$$

denn durch Interpolieren in Tabelle VI, S. 22, ergibt sich, daß bei dieser Betondruckspannung das Kostenminimum ein Verhältnis $\frac{\beta}{\varepsilon} = 0{,}643$ voraussetzt, während anderseits bei dieser Betondruckspannung der Betonpreis

$$\beta = 16 - (50 - 29) \cdot 0{,}21 = 11{,}59$$

und das Verhältnis

$$\frac{\beta}{\varepsilon} = \frac{11{,}59}{18} = 0{,}643$$

wird.

Die Dimensionierung wird alsdann

$$h = 0{,}0504 \sqrt{M} \quad \ldots\ldots = 58{,}1 \text{ cm},$$

$$f = 0{,}0221 \sqrt{M} \quad \ldots\ldots = 25{,}5 \text{ qcm}.$$

Hierfür sind die Kosten:

Beton 58,1 × (16 — 21 · 0,21) =	6,74
Eisen 25,5 × 18 × 1,35 . . . =	6,20
	12,94 M./qm.

Die nach diesem Verfahren sich ergebenden Kosten sind zwar niederer als für die Dimensionierung nach den zulässigen Spannungen, sind jedoch ebenso wie die Querschnittsabmessungen weit von den richtigen Ergebnissen entfernt. Um ein allgemeines Urteil über die Brauchbarkeit der einfacheren Methode zu ermöglichen, bilden wir den der Gleichung 31.) entsprechenden Ausdruck für die Kostenänderung:

für das Resultat der genauen Theorie $\sigma_b = 17{,}90$ kg/qcm nach den Formeln 32.) bis 34.)

$$\frac{dK}{d\sigma_b} = -(5{,}5 + 0{,}21 \cdot 17{,}9) \cdot 3{,}63 + 0{,}21 \cdot 75{,}4 + 24{,}3 \cdot 0{,}736 =$$

$$= -33{,}7 + 15{,}8 + 17{,}9 = \pm 0{,}0;$$

für das Resultat des einfacheren Verfahrens $\sigma_b = 29{,}0$ kg/qcm nach Seite 28 und 35:

$$\frac{dK}{d\sigma_b} = -(5{,}5 + 0{,}21 \cdot 29{,}0) \cdot 1{,}37 + 0{,}21 \cdot 50{,}4 + 24{,}3 \cdot 0{,}678 =$$

$$= -15{,}9 + 10{,}6 + 16{,}5 = +11{,}2.$$

Hierbei sind alle Summanden der bequemeren Rechnung halber mit $\frac{1000}{\sqrt{M}}$ multipliziert. Man sieht, daß im zweiten Fall das erste und letzte Glied sich mit der Genauigkeit aufheben, die man bei der interpolierenden Benutzung der Tabellen erwarten kann, daß dagegen das mittlere, bei der Herleitung des Verfahrens vernachlässigte Glied sehr erheblich stört und das Ergebnis schwer beeinträchtigt. Man wird deshalb von der praktischen Anwendung dieses naheliegenden Hilfsmittels absehen.

4. Die kreuzweis armierte Platte.

Wir nehmen wieder die Biegungsmomente, welche die Platte in zwei aufeinander senkrechten Vertikalebenen beanspruchen, als bekannt an, so daß die hierauf bezüglichen Probleme dieser statisch unbestimmten Konstruktionen für uns ausscheiden. Die folgenden Untersuchungen gelten für alle Platten, welche zwei sich kreuzende Eiseneinlagen auf der gleichen Seite des Querschnitts aufweisen, also ebensogut für die frei aufliegende oder zwischen ein rechteckiges Trägernetz eingespannte Deckenplatte wie für die „trägerlose Decke" amerikanischen Systems (vgl. den Aufsatz des Verfassers in der „Deutschen Bauzeitung" 1912, Mitteilungen Nr. 21 und 22).

Die Armierung besteht aus zwei Eisenscharen, deren jede einer einfachen Armierung ohne Verteilungseisen entspricht, weil diese durch die andere Schar ersetzt sind; dagegen bleibt der Aufwand für Endhaken und Übergreifungen wie für die obere Armierung genau der gleiche. Wir bekommen also den Massenkoeffizienten bei der auf vier Seiten frei aufliegenden Platte gemäß Anhang S. 140 zu

$$r = 2 \cdot 0{,}9 = 1{,}8,$$

bei der nach allen vier Seiten kontinuierlich weiterlaufenden Platte zu

$$r = 2 \cdot 1{,}2 = 2{,}4.$$

Die Spannungsverhältnisse im Plattenquerschnitt sind die gleichen wie früher bei der einfachen Platte. Daß die statische Höhe jetzt für die eine Richtung von Mitte der oberen Eisen bis Betonoberkante zu messen ist, daß also zum Resultat für die Höhe noch der Betrag

$$a = 1^1/_2 \text{ Eisendurchmesser} + \text{Deckschicht}$$

zu addieren ist, berührt die Untersuchung nicht, weil diese Betonschicht keine Kostenänderung mitmacht.

Die Rechnung hat also wieder auszugehen von den Beziehungen 7.) und 8.) und führt zunächst zur Gleichung 12.), wo nur die neuen Werte für r einzusetzen sind. Wir können folglich zunächst die Tabelle V ersetzen und das Kriterium für die Wirtschaftlichkeit der zulässigen Betondruckspannung in die Form kleiden:

Bei der kreuzweis armierten Platte liefert die Dimensionierung nach den zulässigen Spannungen ein wirtschaftlich richtiges Ergebnis, wenn der Beton im fertigen Bauwerk für das Hundertstel Kubikmeter mehr als das αfache des fertig eingebauten Kilogramms Eisen kostet.

Der Wert α ist für

Tabelle IX.

	$r = 1{,}8$	$r = 2{,}4$
$\sigma_b/\sigma_e = 40/1000$	1,51	2,01
40/1200	1,11	1,48
50/1000	2,17	2,90
50/1200	1,61	2,15.

Man erkennt, daß in den meisten praktischen Verhältnissen die Ausnutzung der Spannungen für diese Konstruktionsart unwirtschaftlich ist; denn es ist bei uns nicht häufig, daß der Kubikmeter Beton mehr wie doppelt soviel kostet als 100 kg verarbeitetes Eisen.

Wenn wir nun die Dimensionen des Kostenminimums suchen, so sind hierfür die Gleichungen 13.) und 14.) bestimmend. Ihre Auswertung wird jedoch durch die folgenden Tabellen gespart (s. S. 38 u. 39).

Ebenso wie wir die Formeln der einfachen Platte mit verändertem r ohne weiteres übertragen konnten, gelten auch die Untersuchungen der Fälle 2.) und 3.) für die kreuzweise Armierung, sofern wir nur den Massenkoeffizienten mit seinem richtigen Wert einsetzen. Im Gegensatz zu früher wird der Fall 3.) jetzt selten zur Anwendung kommen, 2.) dagegen gewinnt an Wichtigkeit.

Der Fall der kreuzweis armierten Rechteckplatte unterscheidet sich von der quadratischen Platte nur durch einen anderen Eisenkoeffizienten. Man kennt unabhängig von der Plattenstärke das Verhältnis der beiden Momente und folglich auch das der beiden Armierungen; hiernach ist der Wert von r sofort zu bestimmen und in die Rechnung einzuführen.

Tabelle X.

Die wirtschaftliche Dimensionierung der kreuzweis bewehrten Platte bei $\sigma_e = 1000$ kg/qcm.

Dimensionierungsformeln	Zugehöriges Preisverhältnis $\frac{\beta}{\varepsilon}$ bei r = 1,8	Zugehöriges Preisverhältnis $\frac{\beta}{\varepsilon}$ bei r = 2,4	Betondruckspannung σ_b kg/qcm
$h = 0{,}0578\sqrt{M}$ $f = 0{,}0190\sqrt{M}$	0,64	0,86	24,5
$h = 0{,}0551\sqrt{M}$ $f = 0{,}0200\sqrt{M}$	0,71	0,95	26,0
$h = 0{,}0527\sqrt{M}$ $f = 0{,}0210\sqrt{M}$	0,78	1,04	27,4
$h = 0{,}0505\sqrt{M}$ $f = 0{,}0220\sqrt{M}$	0,86	1,14	28,9
$h = 0{,}0485\sqrt{M}$ $f = 0{,}0230\sqrt{M}$	0,94	1,25	30,4
$h = 0{,}0467\sqrt{M}$ $f = 0{,}0240\sqrt{M}$	1,02	1,36	31,8
$h = 0{,}0450\sqrt{M}$ $f = 0{,}0250\sqrt{M}$	1,10	1,47	33,3
$h = 0{,}0434\sqrt{M}$ $f = 0{,}0260\sqrt{M}$	1,19	1,59	34,9
$h = 0{,}0420\sqrt{M}$ $f = 0{,}0270\sqrt{M}$	1,28	1,71	36,5
$h = 0{,}0406\sqrt{M}$ $f = 0{,}0280\sqrt{M}$	1,38	1,84	38,0
$h = 0{,}0394\sqrt{M}$ $f = 0{,}0290\sqrt{M}$	1,48	1,97	39,6
$h = 0{,}0382\sqrt{M}$ $f = 0{,}0300\sqrt{M}$	1,58	2,11	41,2
$h = 0{,}0371\sqrt{M}$ $f = 0{,}0310\sqrt{M}$	1,69	2,25	42,9
$h = 0{,}0361\sqrt{M}$ $f = 0{,}0320\sqrt{M}$	1,79	2,39	44,5
$h = 0{,}0351\sqrt{M}$ $f = 0{,}0330\sqrt{M}$	1,90	2,54	46,2
$h = 0{,}0342\sqrt{M}$ $f = 0{,}0340\sqrt{M}$	2,02	2,69	47,9
$h = 0{,}0333\sqrt{M}$ $f = 0{,}0350\sqrt{M}$	2,14	2,85	49,5

Tabelle XI.

Die wirtschaftliche Dimensionierung der kreuzweis bewehrten Platte bei $\sigma_e = 1200$ kg/qcm.

Dimensionierungsformeln	Zugehöriges Preisverhältnis $\frac{\beta}{\varepsilon}$ bei r = 1,8	bei r = 2.4	Betondruckspannung σ_b kg/qcm
$h = 0{,}0538\sqrt{M}$ $f = 0{,}0170\sqrt{M}$	0,62	0,82	28,7
$h = 0{,}0510\sqrt{M}$ $f = 0{,}0180\sqrt{M}$	0,69	0,92	30,6
$h = 0{,}0485\sqrt{M}$ $f = 0{,}0190\sqrt{M}$	0,77	1,03	32,6
$h = 0{,}0463\sqrt{M}$ $f = 0{,}0200\sqrt{M}$	0,85	1,14	34,5
$h = 0{,}0443\sqrt{M}$ $f = 0{,}0210\sqrt{M}$	0,94	1,25	36,5
$h = 0{,}0425\sqrt{M}$ $f = 0{,}0220\sqrt{M}$	1,03	1,37.	38,4
$h = 0{,}0408\sqrt{M}$ $f = 0{,}0230\sqrt{M}$	1,12	1,50	40,4
$h = 0{,}0393\sqrt{M}$ $f = 0{,}0240\sqrt{M}$	1,22	1,63	42,4
$h = 0{,}0379\sqrt{M}$ $f = 0{,}0250\sqrt{M}$	1,32	1,76	44,5
$h = 0{,}0365\sqrt{M}$ $f = 0{,}0260\sqrt{M}$	1,43	1,91	46,6
$h = 0{,}0353\sqrt{M}$ $f = 0{,}0270\sqrt{M}$	1,54	2,05	48,6
$h = 0{,}0342\sqrt{M}$ $f = 0{,}0280\sqrt{M}$	1,65	2,20	50,7.

Beispiele zu A. 4.

Eine quadratische kontinuierlich konstruierte Deckenplatte sei in zwei aufeinander senkrechten Richtungen durch die gleichen und nach der gleichen Seite biegenden Momente M = 0,75 mt beansprucht.

Man dimensioniert für die zulässigen Spannungen 40 und 1000 kg/qcm:

$$h = 0{,}0390 \sqrt{M} = 10{,}7 \text{ cm},$$

$$f = 0{,}0293 \sqrt{M} = 8{,}03 \text{ qcm}.$$

Die Preise seien nun 20,00 M./cbm Beton und 19 Pf./kg Eisen. Dann sind die Kosten der eben gerechneten Decke unter Weglassung der stets gleichen Deckschicht:

Beton	$10{,}7 \times 0{,}20$	$= 2{,}14$
Eisen	$2{,}4 \times 8{,}03 \times 0{,}19$ . . .	$= 3{,}67$
	Summe	5,81 M./qm.

Die wirtschaftliche Dimensionierung für $\frac{\beta}{\varepsilon} = \frac{20}{19} = 1{,}05$ entnehmen wir aus Tabelle X durch Interpolieren:

$$h = 0{,}0525 \sqrt{M} \ldots\ldots = 14{,}4 \text{ cm},$$

$$f = 0{,}0211 \sqrt{M} \ldots\ldots = 5{,}78 \text{ qcm},$$

$$\text{bei } \sigma_b = 27{,}5 \text{ kg/qcm}.$$

Hierfür werden die Kosten

Beton	$14{,}4 \times 0{,}20$	$= 2{,}88$
Eisen	$2{,}4 \times 5{,}78 \times 0{,}19$ . . .	$= 2{,}64$
	Summe	$= 5{,}52$ M./qm.

Die Ersparnis beträgt also 29 Pf./qm, wobei trotz der viel geringeren Betondruckspannung das fette Mischungsverhältnis beibehalten wurde.

Anderseits trifft die Rechnung deshalb nicht genau zu, weil trotz dem größeren Eigengewicht das gleiche Biegungsmoment eingesetzt wurde. Um hierauf näher einzugehen, müssen wir erst den Zusammenhang zwischen der Belastung und dem Biegungsmoment kennen.

Das oben genannte Moment sei dadurch entstanden, daß bei einer Spannweite von 4,30 m mit etwa 500 kg/qm Nutzlast nach der Formel

$$M = \frac{q \cdot l^2}{20}$$

gerechnet wurde, wie das mit Rücksicht auf die Veränderlichkeit der Nutzlast angenommen werden kann. Eine über die ganze Decke gleichförmige geringe Änderung des Eigengewichtes dürfen wir aber beim Feldmoment mit dem einwandfreien theoretischen Wert

$$M = \frac{g\, l^2}{48}$$

in Ansatz bringen. Nun bedeutet jeder Zentimeter Plattenstärke eine Last von 24 kg/qm, gibt also ein Zusatzmoment von

$$\Delta M = \frac{24 \cdot 430^2}{48 \cdot 100} = 924 \text{ cmkg}.$$

Man könnte nun zunächst die eben durchgeführte wirtschaftliche Berechnung der Decke, bei welcher die Veränderung des Eigengewichtes nicht berücksichtigt war, dadurch berichtigen, daß man den Zuwachs an Biegungsmoment

$$\Delta M = (14{,}4 - 10{,}7) \cdot 924 = 3419 \text{ cmkg}$$

und die erforderliche Verstärkung des Eisenquerschnittes zu ungefähr

$$\Delta f = \frac{3{,}419}{{}^7/_8 \cdot 14{,}4} = 0{,}271 \text{ qcm}$$

berechnet. Diese Eisenzugabe kostet:

$$2{,}4 \times 0{,}271 \times 18 = 11{,}7 \text{ Pf./qm}.$$

Hierdurch werden also $^2/_5$ der Ersparnis wieder aufgewogen, und der Gesamtpreis stellt sich auf 5,52 + 0,12 = 5,64 M./qm.

Selbstverständlich hat sich aber hierbei die Lage des Kostenminimums verschoben, und nach der letzten Korrektur ist die 14,4 cm starke Platte nicht mehr die billigste.

Wir wenden also die genaue Rechnung nach 2.) an. Das Biegungsmoment erhält, da 75 000 − 10,7 × 924 = 65 113, die Form

$$M = 65\,113 + 924 \cdot h.$$

Wir haben also die Werte

$$M_0 = 65\,113 \text{ cmkg}, \quad \alpha = 924 \text{ kg}, \quad b = 100 \text{ cm}, \quad \sigma_e = 1000 \text{ kg/qcm},$$
$$n = 15, \quad \varepsilon = 19 \text{ Pf.}, \quad r = 2{,}4, \quad \beta = 20 \text{ Pf.}$$

in die Gleichungen 24.) bis 27.) einzusetzen. Nach entsprechender Umformung werden dieselben:

$$A \cdot 10^{-6} = 9\,(1953{,}4 + 27{,}72\,x - 100\,x^2)^2 + 66\,528\,x^3;$$

$$\frac{dA}{dx} \cdot 10^{-6} = 36\,(10\,000\,x^3 + 1386\,x^2 - 194\,956\,x + 27\,040);$$

$$\frac{dh}{dx} = 0{,}5 + 3{,}61\,x + \frac{\frac{dA}{dx}}{332\,640\sqrt{A}};$$

$$\frac{df}{dx} = -2{,}5 - \frac{5\,860\,170 + \sqrt{A}}{120\,000\,x^2} + \frac{\frac{dA}{dx}}{240\,000\,x\sqrt{A}};$$

$$\frac{dh}{dx} + 2{,}28\,\frac{df}{dx} = 0.$$

Man weiß, daß die Gesamtstärke der Platte zwischen den beiden früheren Werten 10,7 und 14,4 cm, folglich auch das gesuchte x zwischen den beiden zugehörigen Werten

$$^3/_8 \times 10{,}7 = 4{,}02 \text{ cm}$$

und

$$0{,}3 \times 14{,}4 = 4{,}32 \text{ cm}$$

liegen muß. Die Lösung der Aufgabe wird weiter noch dadurch erleichtert, daß die beiden Differentialquotienten innerhalb des Intervalles, wie wir es eben festgelegt haben, nahezu geradlinig verlaufen. Man braucht also nur zwei Werte von x, etwa 4,2 und 4,3, zu versuchen, um das Gleichungssystem mit leicht ausreichender Genauigkeit durch den Wert

$$x = 4{,}23 \text{ cm}$$

zu befriedigen. Durch Einsetzen in 22.) bis 24.) erhält man dann

$$h = 13{,}6 \text{ cm} \qquad \text{und} \qquad f = 6{,}38 \text{ qcm.}$$

Hiermit werden die Kosten

Beton	13,6 × 0,20	= 2,72
Eisen	2,4 × 6,38 × 0,19 . . .	= 2,91
		5,63 M./qm.

Die Dimensionierung für die zulässigen Spannungen hatte 5,81 M./qm ergeben; die wirtschaftliche Dimensionierung ohne Rücksicht auf die Gewichtsänderung, aber mit nachträglicher Korrektur an den Eisen kostete schließlich 5,64 M./qm (S. 41.) In den Dimensionen ist der Unterschied des letzten Ergebnisses vom früheren etwas merklicher.

Wollte man die infolge des größeren Eigengewichts erforderliche Verstärkung der Säulen berücksichtigen, so mußte man das gemäß der Regel auf S. 33 durch einen Zusatz zum Einheitspreis des Betons bewerkstelligen. Nehmen wir an, daß die in Rede stehende Decke sich in 12 m Höhe über den Säulenfundamenten befinde, so erfordert jeder Kubikmeter Beton eine Verstärkung der Säulenquerschnittsumme um

$$\frac{2400}{35} = 68{,}6 \text{ qcm,}$$

falls die Betondruckspannung in den Säulen 35 kg/qcm beträgt.

Über 12 m Höhe ergibt das 12 × 0,00686 = 0,0825 cbm Beton. Wenn das Material hierfür 22 M./cbm kostet, so macht das 1,81 M. Soviel Säulenkosten verursacht also jeder Kubikmeter Beton, der an unserer Decke zugegeben wird; für den Wert β wären also nicht 20, sondern 21,81 M./cbm einzusetzen. Die Plattenstärke, welche hierfür das Kostenminimum liefert, fällt um 0,5 cm geringer aus, als wenn man die Säulenverstärkung nicht berücksichtigt.

Beim Kubikmeterpreis für die Säulen kann man natürlich gleich den mit 1 % oder dgl. armierten Beton ins Auge fassen, um ganz genau zu sein. Man kann auch die letzte Rechnung noch dadurch ergänzen, daß man den Zuschlag für den Höhentransport des Betons gleichzeitig mit den Kosten für die Säulenverstärkung addiert. Man erhält hiernach für die verschiedenen Stockwerke gleichmäßig wachsende Kosten für den Kubikmeter Beton bei konstantem Preis des Eisens, folglich ein stufenweises Höherrücken der wirtschaftlichen Betondruckspannung, bis dieselbe den zulässigenWert erreicht und dann in denselben übergeht. Bis zu diesem Stockwerk werden bei gleicher Nutzlast und gleichen Spannweiten die Decken an Stärke abnehmen, also leichter werden; der Eisengehalt steigt nach oben.

5. Die beiderseits bewehrte Platte.

Lotrechte Trennungswände in Silos und Behältern können abwechselnd von beiden Seiten durch die gleichen Kräfte beansprucht werden. Es sind also zwei vollkommen gleiche, in bezug auf die Mittelebene der Wand symmetrische Armierungen einzulegen.

Die aufzuwendende Eisenmenge ist im wesentlichen wieder das Doppelte einer gewöhnlichen Plattenarmierung, gleichgültig ob diese horizontal oder vertikal verläuft; jedoch kommen die Beträge für „obere Armierung" in Wegfall, weil diese durch die zweite Schar ersetzt ist. Der Massenkoeffizient für das Eisen ist also sowohl bei kontinuierlichen wie bei frei aufliegenden und frei auskragenden Konstruktionen zu 2,0 anzunehmen.

Die statischen Verhältnisse dieser Aufgabe sind dadurch gekennzeichnet, daß die für den einen Belastungsfall vorzusehende Zugarmierung an eine Stelle zu liegen kommt, welche im andern Belastungsfall als Betondruckzone erscheint. Es ist also stets eine Druckarmierung vorhanden; die Spannungsverhältnisse sind andere als in den bisher behandelten Fällen, bei denen die Platte immer als einfach armiert zu gelten hatte.

Eine praktische Bedeutung kommt nur dem Fall zu, daß die möglichen Belastungen von beiden Seiten gleichgroß sind, daß also auch die Eiseneinlagen auf beiden Seiten der Wand gleich stark werden. Wir beschränken uns deshalb fürs erste auf diese Annahme.

α) Erste Annäherung mit Vernachlässigung der Druckarmierung.

Die statische Wirkung der Druckarmierung ist eine beschränkte, weil dieselbe mit weniger als dem n-fachen der Betonrandspannung beansprucht wird. Man macht deshalb, besonders bei reiner Biegung, keinen allzu großen Fehler, wenn man ihre Beteiligung am Kräftespiel ganz vernachlässigt und die Eisenstäbe durch ein gleiches (anstatt durch ein [n + 1]-faches) Betonvolumen ersetzt denkt.

Die nächste Folge der Druckarmierung ist eine Verminderung der Betondruckspannung. Da diese bei unserem Verfahren außer Betracht bleibt, so ist eine merkliche Änderung der wirtschaftlichen Dimensionen infolge der Vernachlässigung der Druckarmierung nicht zu erwarten; wohl aber werden sich die Preisgrenzen ändern, bei denen die Dimensionierung nach den zulässigen Spannungen unwirtschaftlich wird.

Die Spannungsverhältnisse werden bei der gewählten Vernachlässigung identisch mit den bisherigen, so daß die früheren Entwicklungen in Geltung bleiben. Auch die Tabellen V, VI und VII können wieder Verwendung finden, wenn man sämtliche in den Spalten für r = 1,0 enthaltenen Preisverhältnisse mit 2 multipliziert denkt.

β) Genaue Theorie.

Bezeichnen wir mit a den Abstand der gedrückten Eiseneinlage vom Betonrand, so gelten die Beziehungen:

$$f\,\sigma_e = \frac{b}{2}\cdot x\,\sigma_b + f'\,\sigma_e';$$

$$\frac{n\,\sigma_b}{\sigma_e} = \frac{x}{h-x}\,;\quad \frac{n\,\sigma_b}{\sigma_e'} = \frac{x}{x-a}\,;$$

$$M = \frac{b}{2}\cdot x\,\sigma_b\left(h - \frac{x}{3}\right) + f\,\sigma_e'\,(h-a).$$

Hieraus läßt sich die Beziehung ableiten:

$$f = \frac{b\,x^2}{2\,n\,(h+a-2\,x)} \qquad 35.)$$

sowie die Bestimmungsgleichung für h:

$$h^2\,[6\,M\,n - 3\,b\,x^2\,\sigma_e] + h\,[6\,M\,n\,(a-3\,x) + 4\,b\,x^3\,\sigma_e] + \\ + [6\,M\,n\,x\,(2\,x-a) - b\,x^2\,\sigma_e\,(3\,a^2 + 2\,x^2 - 4\,a\,x)] = 0.$$

Die Wurzel dieser Gleichung lautet 36.)

$$h = \frac{-A + \sqrt{B^2 - C}}{D}, \qquad 37.)$$

worin

$$A = 2\,[3\,M\,n\,(a-3\,x) + 2\,b\,x^3\,\sigma_e],$$
$$B = 6\,M\,n\,(x-a) + 2\,b\,x^2\,\sigma_e\,(2\,x-3\,a),$$
$$C = 24\,b^2\,x^4\,\sigma_e^2\,(x-a)\,(x-3\,a),$$
$$D = 6\,(2\,M\,n - b\,x^2\,\sigma_e).$$

Dieser Wert für h wäre zunächst in Formel 35.) einzuführen, sodann müßte man die Ausdrücke für f und h nach x differenzieren und die erhaltenen Quotienten in die Minimumsbedingung 15.)

$$\frac{dh}{dx} + \frac{\varepsilon r}{\beta} \frac{df}{dx} = 0$$

einführen. Man hätte dann die Bestimmungsgleichung für x, durch welche die Aufgabe gelöst ist. Auf die allgemeine Formulierung dieser letzten Gleichung wird man bis auf weiteres verzichten.

γ) Zweite Annäherung mit Berücksichtigung der Druckarmierung.

Betrachtet man die Form der Größe C in Gleichung 37.) und ihre Bedeutung in der Formel für h, so erkennt man, daß außer der Annahme a = x, d. h. der vollständigen Vernachlässigung der Druckarmierung mittels ihrer Verlegung in die neutrale Schicht auch die andere Annahme

$$a = \frac{x}{3} \qquad 38.)$$

eine ausschlaggebende Vereinfachung der gegenwärtigen Aufgabe ermöglicht. Diese Annahme läßt sich in Worten so ausdrücken, daß man sich die Druckeisen im Betondruckmittelpunkt angebracht denkt.

Diese Annahme ist umso eher berechtigt, als sie in den meisten praktischen Fällen genau erfüllt sein wird. Bei sehr dünnen Platten wird a unmerklich größer sein als $\frac{x}{3}$. Zu beachten wären nur die dicken Platten, bei denen a kleiner als $\frac{x}{3}$ sein kann; die Abweichung bewegt sich hier aber in der zulässigen Richtung, weil die Wirkung der Druckarmierung geringer angenommen wird, als sie nach der genauen Theorie wäre.

Es darf freilich nicht vergessen werden, daß für unsere Aufgaben nicht nur die Größe, sondern auch die Veränderlichkeit aller Strecken wichtig ist, daß letztere sogar die Lage des Minimums in erster Linie beeinflußt. Wenn man aber bedenkt, daß man mit der Plattenstärke in der Regel auch den Durchmesser der Rundeiseneinlagen größer nimmt, so dürfen wir wohl annehmen, daß sich a in einem ähnlichen Maße verändert, wie $\frac{x}{3}$; viel mehr Berechtigung hat die Annahme eines konstanten a ja schließlich auch nicht.

Die Ausgangsgleichungen von Seite 44 nehmen nun die Form an:

$$f \sigma_e = \frac{b}{2} x \sigma_b + f \sigma_e'; \qquad \frac{n \sigma_b}{\sigma_e} = \frac{x}{h - x}; \qquad \frac{n \sigma_b}{\sigma_e'} = \frac{3}{2};$$

$$M = \left(\frac{b}{2} x \sigma_b + f \sigma_e'\right)\left(h - \frac{x}{3}\right). \qquad 39.)$$

Durch Eliminieren von σ_b und σ_e' erhält man:

$$h = \frac{x}{3} \cdot \frac{10\,M\,n - b\,x^2\,\sigma_e}{2\,M\,n - b\,x^2\,\sigma_e} \tag{40.)}$$

und

$$f = \frac{3\,M}{4\,x\,\sigma_e} - \frac{3\,b\,x}{8\,n}. \tag{41.)}$$

Setzen wir nun

$$2\,M\,n = P = \text{konst.},$$

und

$$b\,x^2\,\sigma_e = Q = \text{var.},$$

so schreibt sich

$$h = \frac{x}{3} \cdot \frac{5\,P - Q}{P - Q} \quad \text{und} \quad f = \frac{3\,(P - Q)}{8\,n\,x\,\sigma_e}.$$

Führen wir noch die Bezeichnung ein

$$\frac{P}{Q} = \frac{2\,M\,n}{b\,x^2\,\sigma_e} = R,$$

so wird

$$\frac{dh}{dx} = \frac{1}{3} + \frac{4\,R\,(R+1)}{3\,(R-1)^2} \tag{42.)}$$

und

$$\frac{df}{dx} = -\frac{3\,b}{8\,n}(R+1). \tag{43.)}$$

Verwenden wir wie früher die Abkürzung $\delta = \frac{\varepsilon\,r}{\beta}$, so kommt die Minimumsbedingung 15 auf die Form

$$(R+1)\left(\frac{4\,R}{(R-1)^2} - \frac{9\,b\,\delta}{8\,n}\right) + 1 = 0. \tag{44.)}$$

Die Gleichung ist eigentlich vom sechsten Grade nach x; sie kann aber als einfache Gleichung dritten Grades nach R rasch aufgelöst werden, worauf sich Q und hieraus direkt h und f sofort berechnen lassen; die Variable x braucht dabei nicht mehr berührt zu werden. Man kann aber auch diese Rechnung durch Benutzung der folgenden Tabellen sparen. Deren Berechnung erfolgt natürlich wieder in der Weise, daß ein beliebiger Wert von x (z. B. $x = 0{,}0146\,\sqrt{M}$) angenommen, die Zwischenwerte P, Q und R bestimmt ($P = 30\,M$, $Q = 21{,}316\,M$, $R = 1{,}406$), die Formeln für h und f berechnet ($h = 0{,}0723\,\sqrt{M}$ und $f = 0{,}0149\,\sqrt{M}$) und schließlich Gleichung 44.) nach δ aufgelöst wird ($\delta = 4{,}60$), woraus sich dann $\frac{\beta}{\varepsilon}$ $(= 0{,}4348)$ ergibt.

Tabelle XII.

Dimensionierung der beiderseits bewehrten Platte mit f = f' unter der Annahme $a = \frac{x}{3}$ bei σ_e = 1000 kg/qcm.

h = Plattenstärke vermindert um d. Deckschicht	f = f' = Eiseneinlage jeder Seite	Zugehöriges Preisverhältnis $\frac{\beta}{\varepsilon}$	Betondruckspannung σ_b kg/qcm
$0{,}0723\sqrt{M}$	$0{,}0149\sqrt{M}$	0,43	16,9
$0{,}0671\sqrt{M}$	$0{,}0161\sqrt{M}$	0,51	18,2
$0{,}0625\sqrt{M}$	$0{,}0173\sqrt{M}$	0,59	19,6
$0{,}0585\sqrt{M}$	$0{,}0186\sqrt{M}$	0,68	21,0
$0{,}0550\sqrt{M}$	$0{,}0199\sqrt{M}$	0,77	22,3
$0{,}0519\sqrt{M}$	$0{,}0212\sqrt{M}$	0,87	23,7
$0{,}0490\sqrt{M}$	$0{,}0225\sqrt{M}$	0,98	25,1
$0{,}0464\sqrt{M}$	$0{,}0238\sqrt{M}$	1,10	26,5
$0{,}0441\sqrt{M}$	$0{,}0252\sqrt{M}$	1,23	27,9
$0{,}0419\sqrt{M}$	$0{,}0266\sqrt{M}$	1,36	29,4
$0{,}0399\sqrt{M}$	$0{,}0281\sqrt{M}$	1,51	30,8
$0{,}0381\sqrt{M}$	$0{,}0295\sqrt{M}$	1,67	32,2
$0{,}0364\sqrt{M}$	$0{,}0310\sqrt{M}$	1,84	33,6
$0{,}0348\sqrt{M}$	$0{,}0325\sqrt{M}$	2,01	35,1
$0{,}0333\sqrt{M}$	$0{,}0341\sqrt{M}$	2,20	36,6
$0{,}0319\sqrt{M}$	$0{,}0357\sqrt{M}$	2,41	38,1
$0{,}0306\sqrt{M}$	$0{,}0373\sqrt{M}$	2,64	39,6
$0{,}0294\sqrt{M}$	$0{,}0390\sqrt{M}$	2,87	41,0
$0{,}0283\sqrt{M}$	$0{,}0407\sqrt{M}$	3,12	42,5
$0{,}0272\sqrt{M}$	$0{,}0425\sqrt{M}$	3,38	44,0
$0{,}0261\sqrt{M}$	$0{,}0443\sqrt{M}$	3,66	45,5
$0{,}0252\sqrt{M}$	$0{,}0461\sqrt{M}$	3,95	47,0
$0{,}0242\sqrt{M}$	$0{,}0480\sqrt{M}$	4,27	48,5
$0{,}0233\sqrt{M}$	$0{,}0500\sqrt{M}$	4,62	50,0.

Wir können nunmehr durch Interpolieren die Grenzen für die Wirtschaftlichkeit der Dimensionierung nach den zulässigen Spannungen angeben und wieder die Regel aufstellen:

Bei der beiderseits armierten Platte liefert die Dimensionierung nach den zulässigen Spannungen ein wirtschaftlich richtiges Ergebnis, wenn der Beton im fertigen Bauwerk für das hundertstel Kubikmeter mehr als das

Tabelle XIII.
Dimensionierung der beiderseits bewehrten Platte mit $f = f'$ unter der Annahme $a = \frac{x}{3}$ bei $\sigma_e = 1200$ kg/qcm.

h = Plattenstärke vermindert um d. Deckschicht	f = f' = Eiseneinlage jeder Seite	Zugehöriges Preisverhältnis $\frac{\beta}{\varepsilon}$	Betondruckspannung σ_b kg/qcm
$0{,}0626\sqrt{M}$	$0{,}0143\sqrt{M}$	0,48	21,4
$0{,}0580\sqrt{M}$	$0{,}0156\sqrt{M}$	0,57	23,2
$0{,}0536\sqrt{M}$	$0{,}0169\sqrt{M}$	0,67	25,1
$0{,}0502\sqrt{M}$	$0{,}0181\sqrt{M}$	0,77	26,8
$0{,}0472\sqrt{M}$	$0{,}0194\sqrt{M}$	0,88	28,5
$0{,}0443\sqrt{M}$	$0{,}0207\sqrt{M}$	1,00	30,4
$0{,}0417\sqrt{M}$	$0{,}0221\sqrt{M}$	1,13	32,3
$0{,}0395\sqrt{M}$	$0{,}0235\sqrt{M}$	1,28	34,1
$0{,}0374\sqrt{M}$	$0{,}0249\sqrt{M}$	1,43	36,0
$0{,}0355\sqrt{M}$	$0{,}0263\sqrt{M}$	1,60	37,9
$0{,}0337\sqrt{M}$	$0{,}0278\sqrt{M}$	1,78	39,8
$0{,}0321\sqrt{M}$	$0{,}0293\sqrt{M}$	1,97	41,7
$0{,}0306\sqrt{M}$	$0{,}0309\sqrt{M}$	2,18	43,6
$0{,}0292\sqrt{M}$	$0{,}0325\sqrt{M}$	2,40	45,5
$0{,}0279\sqrt{M}$	$0{,}0341\sqrt{M}$	2,64	47,4
$0{,}0267\sqrt{M}$	$0{,}0358\sqrt{M}$	2,90	49,4
$0{,}0256\sqrt{M}$	$0{,}0375\sqrt{M}$	3,17	51,4.

α-fache des fertig eingebauten Kilogramm Eisen kostet. Der Wert α ist für

Tabelle XIV.

$\sigma_b/\sigma_e = 40/1000$	$\alpha = 2{,}70$
$40/1200$	$1{,}80$
$50/1000$	$4{,}62$
$50/1200$	$2{,}97.$

Die Dimensionierung für die üblichen Spannungen 40 und 1000 kg/qcm mit $h = 0{,}030\sqrt{M}$[1]) würde also in diesem Falle ein Preisverhältnis voraussetzen, das kaum irgendwo zu finden sein dürfte; wollte man aber gar die Formeln $h = 0{,}024\sqrt{M}$ und $f = 0{,}044\sqrt{M}$ verwenden, welche an manchen Stellen angeführt werden und ebenfalls für 40 und 1000 kg/qcm

[1]) Vgl. Profilbuch der Eisenbetonträger von Dr.-Ing. P. Weiske, Berlin 1908, S. 30.

gelten sollen, in Wirklichkeit aber eine Betondruckspannung von etwa 47 kg/qcm ergeben, so müßte man sich dazu einen Betonpreis denken, der das 4 fache vom Eisenpreis beträgt; das ist aber vollkommen ausgeschlossen.

Daß die Abweichung der wirtschaftlich richtigen Dimensionierung von der üblichen in diesem Falle so sehr hervortritt, hat darin seinen Grund, daß die durch äußerliche Gründe gegebene Druckarmierung die Betonspannung stark herabsetzt; diese letztere wird hierdurch als Anhalt für die Dimensionierung vollkommen unbrauchbar.

Die Tabellen bieten eine gute Gelegenheit, die Wirkung der Druckarmierung auf die Verminderung der Zugarmierung festzustellen. Wir entnehmen aus den Tabellen VI und VII einerseits und XII und XIII andererseits entsprechende Werte von h und setzen die zugehörigen Werte von f nebeneinander; die Differenz dieser beiden ermöglicht, sofort die Eisenersparnis in Prozenten anzugeben.

Tabelle XV.

Ersparnis an Zugarmierung infolge einer Druckarmierung $f = f'$.

	$h =$	$f\,(f' = 0) =$	$f\,(f' = f) =$	$\Delta f =$
$\sigma_e = 1000$ kg/qcm	$0{,}0578\,\sqrt{M}$	$0{,}0190\,\sqrt{M}$	$0{,}0189\,\sqrt{M}$	0,5 %
	$0{,}0464\,\sqrt{M}$	$0{,}0242\,\sqrt{M}$	$0{,}0238\,\sqrt{M}$	1,7 %
	$0{,}0333\,\sqrt{M}$	$0{,}0350\,\sqrt{M}$	$0{,}0341\,\sqrt{M}$	2,6 %
$\sigma_e = 1200$ kg/qcm	$0{,}0538\,\sqrt{M}$	$0{,}0170\,\sqrt{M}$	$0{,}0169\,\sqrt{M}$	0,6 %
	$0{,}0443\,\sqrt{M}$	$0{,}0210\,\sqrt{M}$	$0{,}0207\,\sqrt{M}$	1,4 %
	$0{,}0342\,\sqrt{M}$	$0{,}0280\,\sqrt{M}$	$0{,}0274\,\sqrt{M}$	2,2 %
			im Mittel	1,5 %.

Die Ersparnis steigt mit der Betondruckspannung und beträgt im Durchschnitt $1\frac{1}{2}$, bei den zulässigen Spannungen etwa $2\frac{1}{2}$ %. Hieraus kann man schließen, daß die Mühe, welche die Durchrechnung der genauen Formeln für doppelte Armierung fordert, sich selten verlohnt, außer wenn die ermäßigte Betondruckspannung nachzuweisen ist. Im übrigen gibt die Tabelle XV einen Anhaltspunkt dafür, um wieviel man den für einfache Armierung berechneten Zugeisenquerschnitt herabsetzen darf, wenn beiderseitige Armierung erforderlich ist.

Die gegenwärtige Aufgabe kommt nur bei vertikal stehenden Wänden vor; eine Berücksichtigung des Eigengewichtes bleibt deshalb außer Frage. Wir brauchen aber auch auf eine Zementersparnis nicht einzugehen, weil die Betondruckspannung bei wirtschaftlich richtiger Dimensionierung stets so gering wird, daß sie für den Zementgehalt des Betons nicht mehr maßgebend ist. Man muß vielmehr im Hinblick auf den starken Eisengehalt der Konstruktion und besonders um die Wirkung der Druckarmierung zu sichern das gewohnte Mischungsverhältnis für den Eisenbeton beibehalten. Eine weitere Verminderung der ohnedies schon geringen Betondruckspannung (es wird sich in praktischen Fällen meist um 25—30 kg/qcm handeln) kann deshalb auch nicht beachtet werden.

Beispiele zu A. 5.

Eine Silozwischenwand sei für ein Feldmoment von 2,00 mt zu dimensionieren. Die Preise seien 22 M./cbm für den Beton und 18 Pf./kg für das Eisen. Zulässig seien 40 und 1000 kg/qcm.

α) Ohne Rücksicht auf die Druckarmierung hätte man üblicherweise dimensioniert:

$$h = 0{,}0390 \sqrt{200\,000} = 17{,}5 \text{ cm},$$

$$f = 0{,}0293 \sqrt{200\,000} = 13{,}1 \text{ qcm}.$$

Diese Konstruktion kostet ohne Deckschicht für den Quadratmeter:

Beton	17,5 × 0,22 =	3,85
Eisen	13,1 × 2,0 × 0,18 =	4,72
		8,57 M.

β) Mancher Theoretiker hätte es nun für eine Verbesserung gehalten die Druckarmierung zu berücksichtigen; bei richtiger Rechnung hätte er dann mit Einhaltung der zulässigen Spannungen folgendermaßen dimensionieren müssen:

$$h = 0{,}0303 \sqrt{200\,000} = 13{,}55 \text{ cm},$$

$$f = 0{,}0378 \sqrt{200\,000} = 16{,}9 \text{ qcm}.$$

Die Kosten hierfür wären

Beton	13,55 × 0,22 =	2,98
Eisen	16,9 × 2,0 × 0,18 =	6,09
		9,07 M./qm.

γ) Die richtige Dimensionierung nach Tabelle XII lautet:

$$\frac{\beta}{\varepsilon} = \frac{22}{18} = 1{,}22;$$

$$h = 0{,}0443 \sqrt{200\,000} = 19{,}8 \text{ cm},$$

$$f = 0{,}0251 \sqrt{200\,000} = 11{,}2 \text{ qcm}$$

und kostet

Beton	19,8 × 0,22 =	4,36
Eisen	11,2 × 2,0 × 0,18 =	4,03
		8,39 M./qm

bei 27,8 kg/qcm Betondruckspannung.

Ein Vergleich dieser drei Rechnungen zeigt, daß die Vernachlässigung der Druckarmierung ein gutes Mittel in die Hand gibt, um in diesem speziellen Fall die Ausnutzung der Betondruckspannung zu umgehen, und daß sie folglich schon ein ganz brauchbares Ergebnis liefert[1]). Immerhin liegt sehr viel Willkür darin, bei dieser Voraussetzung gerade für 40 kg/qcm zu dimensionieren, nachdem diese Zahl wegen des Vorhandenseins der Druckarmierung doch überhaupt nichts mehr zu bedeuten hat. Die tatsächliche Betonspannung ist in diesem Fall vielmehr 31,4 kg/qcm.

Wir benutzen nun das Beispiel, um unsere beiden Näherungsmethoden zu prüfen. Bei der Rechnung γ beträgt die Höhe der Druckzone

$$x = \frac{15 \cdot 27{,}8}{1000 + 15 \cdot 27{,}8} \cdot 19{,}8 = 5{,}82 \text{ cm},$$

folglich

$$a = \frac{x}{3} = 1{,}94 \text{ cm}.$$

Da die Platte mit 10 Rundeisen von 12 mm Durchmesser auf den Meter armiert ist, bleiben von Außenkante Eisen bis Außenkante Beton 1,34 cm, was den praktischen Verhältnissen sehr gut entspricht.

Wir wollen des weiteren die Verwendbarkeit der unter α beschriebenen Näherungsmethode untersuchen. Hiernach haben wir in Tabelle VI die Dimensionen zu suchen, welche für $r = 1{,}0$ und $\frac{\beta}{\varepsilon} = 1{,}22 : 2 = 0{,}61$ gelten. Wir finden

$$h = 0{,}0450 \sqrt{200\,000} = 20{,}1 \text{ cm},$$

$$f = 0{,}0250 \sqrt{200\,000} = 11{,}2 \text{ qcm}.$$

Hierfür werden die Kosten

Beton	$20{,}1 \times 0{,}22 =$	4,42
Eisen	$11{,}2 \times 2{,}0 \times 0{,}18 =$	4,03
	zusammen	8,45 M./qm.

Man bekommt eine etwas größere Betonstärke und die gleiche Eisenmenge wie bei Berücksichtigung der Druckarmierung. Die Lage des Kostenminimums wird durch die Einführung der veränderten Ziffer r bereits ganz richtig bestimmt. Immerhin ist es für den Benutzer gleich einfach, ob er die Tabelle VI oder XII zur Hand nimmt; man wird sich also stets der letzteren bedienen, um die genauen Resultate zu erhalten.

[1]) Vgl. Prof. Dr. Mörsch, „Der Eisenbetonbau", 4. Aufl. S. 240.

Literatur zu II A.

Die erste Arbeit über das Thema, welche wir auffinden konnten, ist die von Dipl.-Ing. E. Elwitz „Die Querschnittsbestimmung von Platten und Plattenbalken aus Eisenbeton nach wirtschaftlichen Gesichtspunkten", (Beton und Eisen 1905, Heft I und II). Abgesehen von der bereits berührten (siehe Literatur zu I) Vernachlässigung des Eisenmassenkoeffizienten, welche natürlich sowohl das Resultat als auch das ganze Bild der Sachlage stark beeinflußt, gibt er für den Fall der einfachen Platte ohne Rücksicht auf das Eigengewicht eine erschöpfende Lösung, und zwar behandelt er die mögliche Ermäßigung eines jeden der beiden Spannungswerte. Als unabhängige Variable benutzt er dabei das Randspannungsverhältnis; seine Schlußgleichungen sind vom dritten Grade hinsichtlich des Randspannungsverhältnisses, aber linear hinsichtlich des Preisverhältnisses; seine Formel 6b) ist also gleichwertig mit unserer Formel 13.) ohne für die Benutzung einfacher zu sein. Er zeigt auch, daß zu einem gegebenen Paar von zulässigen Spannungen ein gewisser Bereich des Preisverhältnisses gehört, innerhalb dessen die zulässigen Spannungen wirtschaftlich sind. Seine Resultate für konstante Betondruckspannung lassen erkennen, daß an eine Ermäßigung der Eisenzugspannung schwerlich jemals gedacht werden kann, obwohl seine Zahlen hierfür nicht so weit gehen, als es nach Einführung des Massenkoeffizienten der Fall wäre. Von diesen Möglichkeiten und von der praktischen Bedeutung des Gegenstandes ist in dem Aufsatz keine Rede.

Eine Vergleichsrechung zeigt, daß die Zahlenresultate mit den unseren identisch werden. Da der Eisenmassenkoeffizient leicht ergänzt werden kann, indem man bei der Aufstellung des Kostenverhältnisses die Elwitzsche Zahl 7,8 durch einen entsprechenden Wert ersetzt, so könnte die Formel 6b) ohne weitere Änderung benutzt werden; sie wird jedoch an Einfachheit durch die im folgenden genannte von Prof. Saliger übertroffen. Zur Verdeutlichung seiner Resultate gibt Elwitz nur ein Beispiel für die speziellen Spannungswerte 40 und 1200 kg/qcm; da aber auch er die Schlußgleichung in anderer Richtung auflöst, als die Praxis es erfordert (nach dem Preisverhältnis anstatt nach dem Randspannungsverhältnis), so sind Tabellen wie unsere Nr. VI—VII für die praktische Benutzung unentbehrlich, und die Elwitzsche Arbeit hätte eine entsprechende Ergänzung erfahren müssen.

Für die Berücksichtigung des Eigengewichtes gibt Elwitz die einzige bisher bekannte exakte Formel. Sie ist von sehr komplizierter Form und wird durch einen Kunstgriff gelöst; unsere Formeln 25 bis 27, welche durch mechanisches Proberechnen gelöst und durch jede Hilfskraft erledigt werden können, erscheinen demgegenüber vorteilhafter. Auch von dem Einfluß des Mischungsverhältnisses auf die Lage des Kostenminimums spricht Elwitz; er bezeichnet aber „infolge des Mangels an Unterlagen und auch wegen der Einbuße an Einfachheit der Rechnung" eine exakte Behandlung als unmöglich; ein Zahlenbeispiel gibt das regelrechte Ergebnis, wonach die geringer beanspruchte magere Mischung günstiger ist. Hinsichtlich des zweiten Punktes sind die Schwierigkeiten in unserer Darstellung geringer als bei der Berücksichtigung des Eigengewichtes; was den ersten Punkt betrifft, so kann man mittels allgemeiner Koeffizienten allen Auffassungen Rechnung tragen; hier war also eine Lücke auszufüllen.

Eine zweite Bearbeitung des Themas, der vermutlich die eben besprochene erste zugrunde liegt, erfolgte durch Dr.-Ing. R. Saliger (Die

Bestimmung der wirtschaftlich günstigsten Abmessungen von Eisenbetonbalken, Österreichische Wochenschrift für den öffentlichen Baudienst, 7. Juli 1906, S. 426). Er benutzt als unabhängige Variable die relative Höhe der Druckzone

$$s = \frac{x}{h} = \frac{1}{1 + \frac{\sigma_e}{n\,\sigma_b}}$$

und gelangt damit auf kurzem Wege zu einer sehr einfachen Form der beiden Hauptgleichungen, welche für je eine konstante Randspannung den günstigsten Wert von s ergeben. Die Formeln verbessern sich noch um eine Kleinigkeit, wenn wir anstatt s den in unserer Behandlung der exzentrischen Belastung benutzten Wert $C = \sigma_e : (\sigma_e + n\,\sigma_b)$ = relative Höhe der Zugzone einführen; wenn wir außerdem unsere Bezeichnungen für die Preise und den von Saliger weggelassenen Massenkoeffizienten einsetzen, so erhalten wir als Bestimmungsvergleichung für die wirtschaftliche Eisenzugspannung bei konstanter Betondruckspannung

$$\frac{\varepsilon\,r}{\beta} = 2\,n \cdot \left(\frac{C}{1 - C}\right)^2 \cdot \frac{2\,C + 1}{5\,C + 4} \tag{a}$$

und als Bestimmungsgleichung für die wirtschaftliche Betondruckspannung bei konstanter Eisenzugspannung

$$\frac{\varepsilon\,r}{\beta} = 2\,n \cdot \frac{C}{2\,C + 1} \cdot \frac{C^2 + C + 1}{(1 - C)^2}. \tag{b}$$

Letztere Formel ergibt sich beispielsweise unmittelbar aus unserer Gleichung 34a.) durch Einführung des Wertes C.

Da die rechte Seite dieser Gleichungen außer dem gegebenen n gar keine andere Größe enthält als die Veränderliche C, haben sie den Vorzug, die mathematischen Beziehungen zwischen den maßgebenden Größen in einfachster Form darzustellen; anderseits enthält unsere im Grunde mit b) identische Gleichung 13.) die bei der Berechnung der Platte üblichen Größen in ihren gewohnten Ausdrücken und Beziehungen, so daß sie im Zusammenhang mit der bekannten Herleitung der gebräuchlichen Dimensionierungsformeln zunächst eine deutlichere Vorstellung von der Sache gibt. Auch dürfte die gesamte Rechenarbeit bis zu den neuen Dimensionierungsformeln in unserem Fall die geringere sein.

Saliger kommt zu dem erwarteten Resultat, daß die Ausnutzung der zulässigen Spannungen die Regel bildet; um für die ermäßigte Eisenzugspannung ein knappes Beispiel geben zu können, muß er $\sigma_b = 30$ und $\sigma_e = 2000$ kg/qcm annehmen. Die weiter folgende Ermittlung der günstigsten Dicke einer doppelt armierten Betonplatte kann natürlich nur mit der Erkenntnis enden, daß die Druckarmierung immer unökonomisch ist. Auch die symmetrisch zu armierende Platte wird behandelt mit dem Massenkoeffizienten $r = 2 \times 0{,}78$; zur Vereinfachung wird angenommen, daß der Abstand der beiden Eiseneinlagen gleich der Nutzhöhe h des Querschnitts sei. Wir halten dies nur für notdürftig brauchbar, da es eine Überschätzung der Druckarmierung zur Folge hat, die unbedingt vermieden werden sollte. Die Schlußformel ist eine Gleichung fünften Grades für s, also wohl auch nicht die einfachste erzielbare Form. Saliger bezeichnet in diesem Fall die Ermäßigung der Eisenzugspannung als unmöglich, die

Ermäßigung der Betondruckspannung als in mittleren Verhältnissen erforderlich. Eine Berücksichtigung des Eigengewichtes oder der billigeren Betonmischung wird nicht in Rechnung gezogen; die kreuzweise Armierung wird einmal mit einer den Massenkoeffizienten betreffenden Bemerkung flüchtig gestreift, jedoch nicht weiter klargelegt.

Auf diese zwei wissenschaftlichen, in den theoretischen Grundgedanken einwandfreien Arbeiten folgen zwei andere, die anscheinend aus der Praxis entstanden sind und unmittelbar diese fördern wollen. Sie können nur teilweise in Betracht kommen, da sie nicht immer wissenschaftliche Bewertung beanspruchen. Oscar Faber im Engineering (London), 7. und 14. August 1908: „Economy in ferro-concrete design" geht von vornherein nur darauf aus, die Ermäßigung der Eisenzugspannung zu befürworten. Seine Preise sind 36 M./cbm Beton und 24,15 Pf./kg Eisen, seine zulässigen Spannungen 1124 und 42,2 kg/qcm; er kann folglich bei der einfachen Platte nicht zum gewünschten Resultat kommen. Von Interesse ist dagegen sein Verfahren. Er betrachtet einen Querschnitt von 1×1 Zoll und rechnet für verschiedene Armierungsprozente einerseits die Kosten, anderseits die Lage der Nullinie und die zulässigen Biegungsmomente, welche bei der starken Armierung natürlich durch die Betonfestigkeit begrenzt sind. Durch die Bildung verschiedener Quotienten, wobei besondere Vorsicht nötig ist, werden dann weitere Schlüsse für die verschiedenen Fälle $h =$ konst., $h : b =$ konst., $b =$ konst. gezogen. Dieses Verfahren wird nur dadurch überhaupt möglich, daß die Schalung vernachlässigt ist; auch gibt es keine allgemeine Beantwortung der verschiedenen Fragen, da von vornherein mit bestimmten Werten für die Preise und zulässigen Spannungen gerechnet wird. Des weiteren ist interessant, daß in gleicher Weise wie die Kosten auch die Gewichte aufgestellt und verfolgt werden. Für näherungsweise Berücksichtigung des Eigengewichtes wird eine Anleitung gegeben; von seinem Standpunkt aus muß Faber natürlich auch die fetteren Mischungsverhältnisse empfehlen.

Dipl.-Ing. L. Friedländer im „Armierten Beton", Jan. 1910, S. 25, „Die wirtschaftlichste Querschnittsbemessung von Eisenbetonplatten und Plattenbalken", will umgekehrt nur nachweisen, daß eine Ermäßigung der Betondruckspannung wirtschaftlich sein kann, und bezeichnet es ohne jede Begründung als bekannt, daß das Eisen immer ausgenutzt werden muß. Anstatt die Deckschicht als konstant aus dem Spiel zu lassen, setzt er $d = 1{,}1\,h$, nimmt also die Deckschicht proportional der statischen Höhe. Das würde bei gleichprozentig armierten Platten für verschieden große Biegungsmomente zutreffen, ist aber bei konstantem Momont eher umgekehrt, da hierbei zur stärkeren Platte dünnere Eisenstäbe gehören. Außerdem kommt dadurch ein willkürlicher Koeffizient in die Formeln. Friedländer spricht ausdrücklich von frei aufgelagerten und durchlaufenden Platten, findet aber keine Verschiedenheit in deren Eisenmassen und rechnet immer mit $r = 0{,}79$. Als unabhängige Veränderliche benutzt er den Wert $\frac{1000}{\sigma_b}$, also wie Elwitz das Randspannungsverhältnis, setzt aber von vornherein alle Größen außer dem Spannungsverhältnis und dem Preisverhältnis in bestimmten Zahlen ein, wodurch die Verständlichkeit der Gleichungen verloren geht. Er kommt natürlich auf eine Gleichung dritten Grades, deren Lösung er durch eine Kurve darstellt. In einem Beispiel berücksichtigt er auch die Veränderung des Eigengewichtes und kommt schließlich auf 70 kg/qcm als wirtschaftliche Betondruckspannung bei 1000 kg/qcm gegebener Eisenzugspannung; bei dem Betonpreis 24,50 M./cbm, dem Eisenpreis 17 Pf./kg und dem Massenkoeffizienten 0,79 sowie der Annahme d = 1,1 h war dies zu erwarten.

Die Arbeit von A. Detoeuf „Note sur une condition d'économie du béton armé" in La technique moderne (Paris) 1910, Nummer 1, Seite 24, verdient weniger durch ihre Ergebnisse als vielmehr wegen des eingeschlagenen eigenartigen Weges Beachtung. Man könnte sie als Ergänzung der Arbeiten von Faber und Friedländer ansehen; denn Detoeuf will seinerseits nur beweisen, daß die Ausnutzung der zulässigen Spannungen immer wirtschaftlich ist, wobei er aber einen örtlich beschränkenden Zusatz nie entbehren will. Er berücksichtigt gleichzeitig, daß sowohl σ_b als σ_e willkürlich angenommen werden kann; zur Lösung der Aufgabe bedient er sich räumlicher Vorstellungen, welche als selten benutzte mathematisch-geometrische Hilfsmittel sowohl an sich als auch insbesondere in den Einzelheiten der Behandlung interessieren. Infolge einer Vernachlässigung bei der Aufstellung der letzten Bedingungen erhält er den Bereich für die Wirtschaftlichkeit der zulässigen Spannungen um ein gutes Stück zu weit; trotzdem und trotz seinem Massenkoeffizienten 0,78 kommt seine Grenze schließlich mit der beispielsweisen Annahme von 48 Pf./kg für das Eisen so weit in die üblichen Betonpreise herein, daß er sich genötigt sieht, eigens nochmals zu bemerken, die Verarbeitung des Betons müsse im Preis inbegriffen sein.

Dr.-Ing. Fr. Engesser-Karlsruhe („Über einfache und doppelte Armierung rechteckiger Querschnitte", Armierter Beton, Juli 1911) gibt Formeln und Beispiele für den Verlauf der Kostenkurve bei konstantem Biegungsmoment und auch bei Berücksichtigung des Eigengewichts; die Lage des Minimums bestimmt er nicht durch Differenzieren, sondern durch Aufzeichnen der Kurve. Infolge der interessanten Eigenart seines Ansatzes wird es möglich, den Kostenvergleich auch für den Fall, daß nach Art der Schweizer Vorschriften die Betondruckspannung von der Eisenzugspannung abhängt, sowie für den Fall konstanter Betondruckspannung und veränderlicher Eisenzugspannung auszudehnen.

Rich. Wuczkowski („Die Bemessung der Eisenbetonkonstruktionen", Berlin 1911, Seite 13) geht von der nicht immer ganz richtigen Vorstellung aus, daß das Plattengewicht den wesentlichsten Teil der Balkenbelastung bildet, und daß man zugunsten der Balken stets die Platte so leicht als möglich machen müsse. Es ist nicht ganz berechtigt, daß er daraus ohne weiteres auf die Wirtschaftlichkeit der zulässigen Spannungen schließt; vielmehr müßte die obige Überlegung wie bei Faber auf eine Ermäßigung der Eisenzugspannungen führen, deren Wirtschaftlichkeit ihrerseits erst zu untersuchen wäre. Der Einfluß auf die Balken kann übrigens nach unserem Verfahren leicht berücksichtigt werden; man braucht nur die Kosten des Balkens für veränderte Plattenstärke überschlagen, die Differenz der Kosten beider Balken durch die zugehörige Plattenfläche und den Unterschied der Plattenstärken dividieren und den Quotienten auf den Betonpreis zuschlagen.

Das „Handbuch für Eisenbetonbau", 2. Auflage, I. Band: „Entwicklungsgeschichte und Theorie des Eisenbetons" (Berlin 1912), bringt in seinem Abschnitt über die Theorie des Eisenbetonbalkens von Dr.-Ing. Ph. Völker und Dipl.-Ing. E. Richter auf Seite 568 ein kurzes Kapitel über die wirtschaftliche Dimensionierung des Rechteckquerschnittes. Es gesteht die Möglichkeit der Frage, ob die Ausnutzung der zulässigen Spannungen wirtschaftlich sei, und gibt zu, daß sie wegen der Verschiedenheit der Materialpreise nicht allgemein zu beantworten ist. Der Einfluß des Eigengewichts sowie die Möglichkeit, beide Spannungen zu ermäßigen, werden von vornherein erwähnt. Dann wird mit der nötigen Vorsicht behauptet, daß im allgemeinen die zulässigen Spannungen auch wirtschaftlich sind, und ein Zahlenbeispiel berechnet, das mit Berücksichtigung des Eigengewichtes und dem Massenkoeffizienten 0,78 die Platte für 50 und 1000 kg/qcm billiger zeigt als für 40 und 1000 kg/qcm. Man sieht hierbei, daß ein Zahlenbeispiel wohl ein deutliches, aber kein allgemein ausreichendes Bild theoretischer Verhältnisse geben kann; mit einem reichlich geringeren Betonpreis als 35 M./cbm und einem richtigen Massenkoeffizienten wäre das Bild ein ganz anderes geworden.

Was die Frage der vereinfachenden Annahmen bei der Berücksichtigung der Druckarmierung betrifft, so findet man häufig den nächstliegenden Behelf, bei dem der Abstand der Druckarmierung von der gedrückten Betonkante gleich einem festen Bruchteil der statischen Höhe angesetzt wird. So findet sich im ersten Band des Handbuches auf Seite 581 die Annahme a = 0,1 h; die gleiche Annahme benutzt sogar noch eine Arbeit von Maurer im neuesten Heft von Beton und Eisen (1912, XVI). Die Annahme trifft schlecht zu, weil sich dann a bei konstantem Moment nicht im richtigen Sinne ändert; außerdem bringt sie einen willkürlichen Koeffizienten in die Rechnung. Die Druckeisen an die Betonaußenkante zu verlegen, wie dies Saliger und Frank („Eisenbetonbau", Stuttgart 1911, Seite 63) tun, scheint im allgemeinen unzulässig. Saliger nimmt (oben genannte Zeitschrift S. 428) in dem speziellen Fall für 40 und 1200 kg/qcm den Abstand der beiden Armierungen zu $^8/_9$ h, so daß die Druckmittelpunkte von Beton und Eisen zusammenfallen; Faber (obengenannte Zeitschrift S. 165) setzt $a = \frac{x}{3}$, was er ausdrücklich als passend und zweckmäßig begründet. Das weitere Vorgehen Fabers, daß er bei starker Druckarmierung den gedrückten Beton ebenso wie den gezogenen vernachlässigt und beide Armierungen voll beansprucht, verbietet sich für unsere Verhältnisse.

B. Der Plattenbalken.

Es ist eine geläufige Tatsache, daß in einem brauchbar konstruierten Plattenbalken in der Regel eine Betondruckspannung auftritt, die weit unter dem zulässigen Maße liegt und daher in keiner Weise interessiert. Alle Dimensionierungsformeln, denen die Annahme einer bestimmten Betondruckspannung zugrunde liegt, können deshalb hier von vornherein ausscheiden.

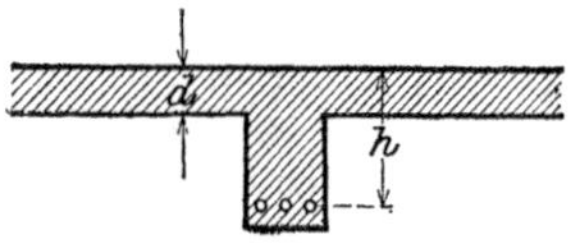

Fig. 7.

Die Näherungsformel

$$f = \frac{M}{\left(h - \frac{d}{2}\right)\sigma_e}$$

(Prof. Dr. E. Mörsch, Der Eisenbetonbau, 4. Auflage, Seite 208) gibt von diesem Gesichtspunkte aus die einzige empfehlenswerte Dimensionierungsformel für den Plattenbalken. Ihre Anwendung liefert in allen Fällen ein vollkommen befriedigendes Resultat. In manchen, leicht kenntlichen Fällen ist noch zu prüfen, ob die Betondruckspannung wirklich nicht zu groß wird; hierfür stehen passende Formeln zur Verfügung.

Freilich bleibt hierbei die Gesamthöhe h frei zu wählen. Sofern sie nicht durch äußere Bedingungen vorgeschrieben ist, kann nur das Kostenminimum dafür maßgebend sein. Daß bei diesem die zulässige Eisenzugspannung ausgenutzt sein muß, versteht sich nach obiger Formel von selbst.

Es erweist sich für die folgende Untersuchung als zweckmäßig, den Beton nicht, wie es bei der Massenberechnung üblich und im Anhang auseinandergesetzt ist, bis Oberkante Platte, sondern bloß bis zu deren Mitte durchzurechnen. Diese veränderte Annahme hat keinerlei weitere Folge als eine Vereinfachung der kommenden Rechnung; sie kann auch bei der eigentlichen Massenberechnung wieder nach Belieben ersetzt werden. Die Schalung wollen wir wie dort bis Unterkante Platte rechnen, was übrigens für die Bestimmung des Minimums durchaus gleichgültig ist.

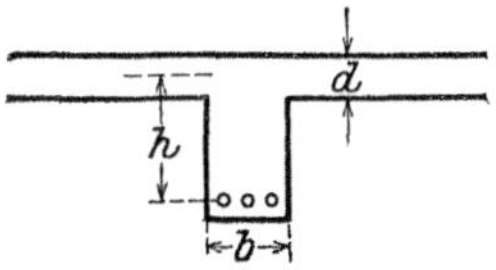

Fig. 8.

Somit werden die Gesamtkosten für den laufenden Meter Rippe des Plattenbalkens, wenn wir nun auch h bis Plattenmitte messen:

$$K = b\,h\,\beta + \left[b + 2\left(h - \frac{d}{2}\right)\right]\sigma + f\,r\,\varepsilon. \qquad 45.)$$

Die Ziffer r hat sich wieder auf die gesamte Armierung des Balkens einschließlich Bügeln, Übergreifungen usw. zu beziehen. Nach Ein setzen des Wertes f aus der obigen Formel ergibt sich

$$K = b\,h\,\beta + \left[b + 2\left(h - \frac{d}{2}\right)\right]\sigma + \frac{M\,r\,\varepsilon}{h\,\sigma_e}. \qquad 46.)$$

Die Betonschicht von Mitte Trageisen bis Unterkante Träger bleibt wie immer außer Betracht.

Im einzelnen Fall sind nun r, ε, β, σ und σ_e stets als konstant anzusehen. M könnte zunächst veränderlich scheinen, hängt aber meist nur in sehr geringem Maße vom Eigengewicht des Balkens ab. Die anschließende Plattenstärke d ist bereits fest gegeben, wenn man an die Konstruktion des Balkens geht, und wird von dieser nicht beeinflußt; auch fällt sie beim Differenzieren weg.

Ein schwieriger Punkt ist dagegen die Rippenbreite b. Sie ist im wesentlichen dadurch bestimmt, daß die Unterbringung des Eisenquerschnittes f in einer oder zwei Lagen von Rundeisen bei genügender Betonumhüllung der Eisenstäbe gestattet sein muß. Außerdem spricht der Umstand mit, daß bei ungenügender Balkenbreite die Aufnahme der Schubspannungen zwischen Steg und Platte Schwierigkeiten macht[1]).

---

[1]) Nach Prof. Hager sollen gut konstruierte Plattenbalken ohne Rücksicht auf Bügel und aufgebogene Eisen $\tau < 12$ kg/qcm haben.

Die Betrachtung einer Reihe von ausgeführten, nach denselben Grundsätzen konstruierten Plattenbalken ließe darauf schließen, daß Balkenhöhe und -breite einander ungefähr proportional seien. Es wäre jedoch falsch, eine derartige Beziehung in obige Formel einzuführen.

Dort handelt es sich darum, welcher Zusammenhang zwischen b und h bei konstantem, gegebenem M besteht.

Nun ist klar, daß man bei gleichem Biegungsmoment umso weniger Eisenquerschnitt benötigt, je höher der Balken wird, daß also von diesem Gesichtspunkt aus der Balken umso schmäler werden darf, je höher er ist. Das gleiche gilt mit Rücksicht auf die Schubspannungen, denn auch in der Formel für diese steht die Balkenhöhe im Nenner. Da die Querschnittfläche des Balkens hierbei annähernd die gleiche bleibt, so ist auch der Wert von M tatsächlich fast genau konstant.

Man könnte dadurch zunächst auf die Annahme

$$b\,h = \text{konst.} \tag{47.)}$$

kommen. Sie würde nach Wegfall des Betonpreises eine einfache Lösung der Aufgabe mittels einer rein quadratischen Gleichung nach h ergeben; jedoch wäre ihre Anwendung unzulässig, denn es ist konstruktiv einfach ausgeschlossen, einem doppelt hohen Plattenbalken die halbe Breite zu geben. Auch würde das Minimum bei einer zu großen Balkenhöhe liegen, weil die Eisenersparnis (welche ebenso wie der Eisenquerschnitt selbst bei zunehmender Balkenhöhe abnimmt) bloß den Mehrbedarf an Schalung auszugleichen braucht. Eine nachträgliche Verbreiterung des zu schmalen Steges würde aber die ganze Kostenberechnung umstoßen.

Viel richtiger wäre die Voraussetzung

$$b\sqrt{h} = \text{konst.} \tag{48.)}$$

Man kommt hierauf durch die folgende Betrachtung: Bei einer geringen Änderung der Trägerabmessungen wird man die Anzahl der Eisenstäbe beibehalten und nur deren Durchmesser ändern, wenn man Unstetigkeiten vermeiden will; andernfalls würde die Balkenbreite ganz willkürlich springen. Bei gleicher Rundeisenzahl wächst nur die Querschnittfläche mit dem Quadrat des Durchmessers, die Gesamtbreite der Eisen dagegen und somit auch die Breite des Steges einfach proportional dem Rundeisendurchmesser. Die notwendige Stegbreite ändert sich also mit der Quadratwurzel aus der Eisenquerschnittfläche und ist deshalb der Quadratwurzel aus der Balkenhöhe umgekehrt proportional. Aus dem konstruktiven Gefühl heraus könnten wir diese Beziehung ganz allgemein für den Plattenbalken gelten lassen.

Die Einführung der Gleichung 48) in die Minimumsbedingung ergibt eine Gleichung vierten Grades für h. Sie empfiehlt sich deshalb nicht für die allgemeine Anwendung.

Von den Hertzschen Forderungen an die durch die Mechanik geschaffenen Gedankenbilder erfüllt diese letzte Annahme wohl die eine der logischen Zulässigkeit und annähernd auch die zweite der sachlichen Richtigkeit; im dritten Punkt, der Einfachheit ihrer Ergebnisse, befriedigt sie jedoch nicht. Wir suchen deshalb eine „bessere" Annahme.

Die Auffassung von der Veränderlichkeit der Balkenbreite b, auf welche uns der zuletzt beschriebene Weg führte, ist nämlich wohl eine mögliche, ohne daß ihr jedoch eine zwingende Notwendigkeit innewohnen würde. Die Wahl der Rundeisenanzahl, ihre Unterbringung in einer oder in zwei Schichten, der gegenseitige Abstand der Stäbe und mancher andere konstruktive Gesichtspunkt sind die Gründe dafür, daß der Sache selbst keine strenge Gesetzmäßigkeit eigen ist, daß also für die Annahme eines Gesetzes reichlich Freiheit gelassen ist.

Wir wählen die einfache lineare Funktion

$$b = A + B \cdot f. \qquad 49.)$$

Man erhält nämlich mit den Zahlenwerten

$$b = 15 + 0{,}4\,f \qquad 50.)$$

(b in cm, f in qcm) einen für alle vorkommenden Plattenbalken sehr gut passenden, mit den empirischen Gebrauchszahlen übereinstimmenden Wert.

Eliminieren wir f aus 49.) mittels der Beziehung $f = \frac{M}{h\,\sigma_e}$, so wird

$$b = A + \frac{B\,M}{h\,\sigma_e}. \qquad 51.)$$

In Gleichung 46.) eingesetzt, ergibt dies

$$K = A\,h\,\beta + \frac{B\,M\,\beta}{\sigma_e} + \left[A + \frac{B\,M}{h\,\sigma_e} + 2\,h - d\right]\sigma + \frac{M\,r\,\varepsilon}{h\,\sigma_e}, \qquad 52.)$$

$$\frac{dK}{dh} = A\,\beta + \left[2 - \frac{B\,M}{h^2\,\sigma_e}\right]\sigma - \frac{M\,r\,\varepsilon}{h^2\,\sigma_e} = 0,$$

woraus

$$h = \sqrt{\frac{M}{\sigma_e}} \times \sqrt{\frac{B\,\sigma + r\,\varepsilon}{A\,\beta + 2\,\sigma}}. \qquad 53.)$$

Die gewählte Annahme für die Veränderlichkeit der Balkenbreite führt also gleichzeitig auf eine einfache Dimensionierungsformel. Die hiernach zu berechnenden Dimensionen des Plattenbalkens befriedigen auch den Konstrukteur.

Die bekannte Lösung der Aufgabe unter Annahme konstanter Balkenbreite erhalten wir aus unserer Formel ohne weiteres, wenn wir $B = 0$ und $A = b_0$ setzen; Gleichung 53.) geht damit über in

$$h = \sqrt{\frac{M\,r\,\varepsilon}{\sigma_e\,(b_0\,\beta + 2\,\sigma)}}. \qquad 54.)$$

Die Werte, die man hieraus erhält, sind offenkundig zu klein (vgl. Ed. Proksch in Beton und Eisen 1911, Heft IX, Seite 202), so daß es bereits nahe lag, im Zähler einen zweiten Summanden einzufügen. Auch hätte man die Formel 54.) dadurch berichtigen können, daß man für σ nicht den tatsächlichen Schalungspreis, sondern einen fiktiven, weit geringeren Wert eingesetzt hätte. Diese Bemühungen sind indes gegenstandslos geworden.

Beispiele zu B.

Wir dimensionieren zunächst einen frei aufliegenden Plattenbalken für 15 mt. Die Preise seien 24 M. für den Kubikmeter Beton, 18 Pf. für das Kilogramm Eisen und 2,50 M. für den Quadratmeter Schalung, alles auf das fertige Bauwerk bezogen.

Bei Benutzung der Formel 53.) ist es zweckmäßig alle Querschnittsabmessungen in cm, die Kräfte in t und die Kosten in Pf. für 1 lfd. m des Balkens anzugeben Damit wird

$$h = \sqrt{\frac{1500}{1}} \cdot \sqrt{\frac{0{,}4 \cdot 2{,}5 + 1{,}0 \cdot 18}{15 \cdot 0{,}24 + 2 \cdot 2{,}5}} = 57{,}6 \text{ cm.}$$

Hierzu gehört

$$f = \frac{M}{h \cdot \sigma_e} = \frac{1500}{57{,}6 \cdot 1} = 26{,}0 \text{ qcm,}$$

$$b = 15 + 0{,}4 \cdot 26 = 25{,}4 \text{ cm.}$$

Die Breite mag im Verhältnis zur Höhe etwas gering erscheinen, sie paßt jedoch gut für den Eisenquerschnitt Die Schubspannung ist angenähert umgekehrt proportional dem Produkt $b \cdot h$ und wird deshalb für unsere Dimensionen kleiner als bei einem niedrigeren Balken, weil bei unseren Annahmen die Breite nicht so stark abnimmt, als die Höhe wächst.

Zunächst wollen wir die Formel 54.) zum Vergleich heranziehen. Da die Balkenhöhe kleiner zu erwarten ist, wählen wir die Balkenbreite $b_0 = 30$ cm; hiermit wird

$$h = \sqrt{\frac{1500 \cdot 1{,}0 \cdot 18}{1 \cdot (30 \cdot 0{,}24 + 2 \cdot 2{,}5)}} = 47{,}1 \text{ cm.}$$

Der Unterschied wird noch etwas größer, wenn man, wie es bei den bisherigen Anwendungen der Formel 54.) stets der Fall war, den Koeffizienten r außer acht läßt bzw. durch 0,8 ersetzt; dann ergibt nämlich Formel 54.) den Wert

$$h = \sqrt{\frac{1500 \cdot 18 \cdot 0{,}8}{12{,}2}} = 42{,}2 \text{ cm,}$$

$$f = \frac{1500}{42{,}2} = 35{,}6 \text{ qcm.}$$

Die Dimensionierung für die Betondruckspannung führt je nach der mittragenden Plattenbreite auf Werte wie beispielsweise

$$h = 30 \text{ cm}; \qquad f = \frac{1500}{30} = 50 \text{ qcm}; \qquad b = 35 \text{ cm}.$$

Jeder Praktiker weiß, daß dieser Plattenbalken falsch konstruiert ist und keine genügende Sicherheit bietet.

Die Kosten für den laufenden Meter Balken (ohne die Deckschicht unter den Zugeisen, die auch noch bei den niederen Balken um einige Pfennige teurer wird), sind in den vier Fällen

bei einer (statischen) Höhe (von Eisenmitte bis Plattenmitte) von	57,6	47,1	42,2	35	cm
für den Beton	3,51	3,39	3,04	2,52	
für das Eisen	4,68	5,75	6,41	9,00	
für die Schalung	3,27	2,86	2,61	2,00	
Gesamtkosten	11,46	12,00	12,06	13,52	M./m.

Das Bild ist das erwartete. Die Schubspannungen und die Beton druckspannungen können bei den höheren Balken keinesfalls ungünstiger werden als bei den niederen.

Es könnte noch interessieren, welche Änderung der Balkenhöhe die Preisänderung eines einzelnen Baustoffes nach sich zieht.

Wird der Beton um die Hälfte teurer, so erhält man

$$h = 52{,}4 \text{ cm anstatt } 57{,}6 \text{ cm}.$$

Könnte das Eisen um ein Drittel billiger werden, so ergäbe sich

$$h = 47{,}7 \text{ cm anstatt } 57{,}6 \text{ cm}.$$

Wenn endlich die Schalung um die Hälfte teurer würde, so würde

$$h = 51{,}4 \text{ cm anstatt } 57{,}6 \text{ cm}.$$

Erwägt man den Bereich, an den diese Preisschwankungen in der Praxis gebunden sind, so haben sie jedenfalls bei der Schalung am wenigsten zu bedeuten; die des Betons sind in erster Linie wichtig, da neben auch die des Eisens.

Wäre der gleiche Plattenbalken als kontinuierlich zu konstruieren, also mit $r = 1{,}4$ anstatt 1,0 zu berechnen, so erhielte man

$$h = 67{,}7 \text{ cm anstatt } 57{,}6 \text{ cm}.$$

Wenn man sich in einem unbedeutenden Falle die Auswertung der Formel 53) sparen will, oder wenn man die Materialpreise nicht kennt, so kann man in erster Annäherung mit den Formeln

$$h = 15\sqrt{M} \quad \text{für den frei aufgelagerten Träger}$$

und

$$h = 17\sqrt{M} \quad \text{für den kontinuierlichen Träger}$$

rechnen. Dabei ist M in mt einzusetzen.

Literatur zu II B.

Die Aufgabe des wirtschaftlichen Plattenbalkens wurde von verschiedenen Autoren zunächst überhaupt abgelehnt. Elwitz (Beton und Eisen 1905, Heft II, Seite 40) geht von der unzutreffenden Vorstellung aus, daß bei Erhöhung des Plattenbalkens die Mehrkosten für den Beton „ganz gering“ sind gegenüber der Eisenersparnis, und erwähnt die Schalung gar nicht; er gibt also dem Plattenbalken die größte aus anderen Rücksichten zulässige Höhe. Detoeuf (Technique moderne 1910, Heft 1, Seite 27) hält das Problem für zu kompliziert; er übersieht, daß die vielen Fragen des Baubetriebes: Wiederverwendung der Schalung, Abspießung, Gewicht des abzustützenden Betons, Höhe des Raumes, Erhärtungsdauer des Betons usw. mit der Festsetzung des Schalungspreises abgetan sind, und daß bei gegebenem (und für konstant angenommenen) Schalungspreis die Sache sehr einfach wird. Im ersten Band des Handbuches für Eisenbetonbau (1912, Seite 599) geben Völker und Richter mit ähnlicher Begründung wie Elwitz an, daß eine große Höhe des Balkens empfehlenswert sei; sie geben als praktischen Anhaltspunkt die Formel $h = 2f$ oder raten zu einer Betondruckspannung von 15 bis 25 kg/qcm.

Saliger (Österreichische Wochenschrift für den öffentlichen Baudienst, 7. Juli 1906, Heft 27, Seite 429) und Friedländer (Armierter Beton, Jan. 1910, Seite 28) behandeln den Plattenbalken nach denselben Formeln wie die Platte und kommen deshalb auch hier auf Gleichungen dritten Grades, also nicht auf eine einfache Lösung. Auch nehmen beide die Balkenbreite als konstant; Saliger vernachlässigt sogar die Schalung.

Den wichtigsten Schritt zur Lösung, nämlich die Annahme eines konstanten Hebelarmes der inneren Kräfte und die Auflösung der rein quadratischen Gleichung für das Kostenminimum bei Berücksichtigung der Schalung, findet zuerst O. Faber (Engineering, 14. August 1908); er gibt bereits die Formel, welche man erhält, wenn man in 54.) $r = 0{,}78$ setzt. Auch bemerkt er schon ganz richtig, daß man unter Umständen die Betondruckspannung nachprüfen muß. Die Breite b nimmt er natürlich konstant; es mag interessieren, daß er für deren Annahme eine Handformel gibt, welche auf unser Maßsystem umgerechnet lautet: $b = \sqrt[3]{1{,}43\ M}$, worin M in mt und b in dm; sie gibt auch für unsere Begriffe ganz passende Werte, für 15 mt zum Beispiel 27,8 cm.

Erst nach drei Jahren tritt die vorgenannte Formel wieder auf, anscheinend selbständig von Ed. Proksch gefunden und in einer Arbeit (Beton und Eisen 1911, Heft IX, Seite 201 „Der rationelle Querschnitt des Plattenbalkens“) niedergelegt, die viele zweckmäßige Anschauungen enthält. Er geht indes weiter als Faber und rechnet mit dem Massenkoeffizient 0,9, den er mit der Mehrlänge der Trageisen begründet; die Bügel will er jedoch nicht inbegriffen wissen. Wir haben hiermit den ersten und bisher einzigen teilweisen Versuch die Gesamtmasse der Eisen im Kostenansatz einzubegreifen. Er setzt außerdem auch den Verputz eigens an; doch kann man diesen ohne weiteres auf die Schalung zuschlagen, da die Fläche für beide die gleiche ist. Überhaupt umfaßt unsere Theorie alle derartigen Zusätze, wenn man unter der Zahl, die wir der deutlicheren Anschauung halber als „Betonkosten“ bezeichnen, alle Kostenbeträge versteht, die dem Volumen proportional sind, unter „Schalungskosten“ alles, was der Unter- und Seitenfläche proportional ist, und unter „Eisenkosten“ alles, was vom Armierungsgewicht abhängt (vgl. Anhang Seite 2). Proksch sucht überdies noch die

Lösung für konstante Breite in eine für die Anwendung einfachere Form zu bringen und zeigt, daß man die Größe $M : \sigma_e$ in zwei Faktoren zu spalten hat, die sich verhalten wie der Eisenpreis zur Summe aus Betonpreis mal Balkenbreite plus zweimal den Schalungspreis. Unsere Formel 53 kann man natürlich in der gleichen Weise ausdrücken. Daß die Resultate der Formel für $b = $ konst. meist zu nieder scheinen, bestätigt Proksch selbst, ohne dies jedoch der genannten Annahme zuzuschreiben.

Wuczkowski (Bemessung der Eisenbetonkonstruktionen 1911, S. 19) vernachlässigt die Schalung und gibt im übrigen die gewöhnliche Formel mit $b = $ konst. und $r = 0{,}78$.

C. Biegung mit Axialkraft.

Die Lösung dieser Aufgabe erfordert im allgemeinen eine doppelte Armierung, schon aus dem einfachen Grunde, damit man den beiden gegebenen Größen M und N bei gegebenen Betonabmessungen zwei Unbekannte f und f′ gegenüberstellen kann; andernfalls wäre die Aufgabe überbestimmt, daß heißt man dürfte nicht die beiden Grenzspannungen σ_b und σ_e willkürlich festsetzen. Wenn wir dieses letztere nicht mehr als bindenden Grundsatz beibehalten, so entsteht in einem neuen Sinne die Frage, unter welchen Umständen eine Doppelarmierung am Platz ist; ferner wird frisch zu untersuchen sein, für welches Material sich die Einhaltung der zulässigen Spannungen empfiehlt.

1. Die wirtschaftliche Unzweckmäßigkeit der Druckarmierung.

Die Spannung der gedrückten Längseisen ist wegen des elastischen Verhaltens der beiden Baustoffe stets ein gewisses, für unsere Rechnung als konstant geltendes Vielfache der Druckspannung des unmittelbar umgebenden Betons. Nach den meisten Vorschriften ist dieses Vielfache zu $n = 15$ anzusetzen. Hinsichtlich der Lastaufnahme ist also 1 qcm Eisen gleichwertig mit n qcm Beton; beide können beliebig durcheinander ersetzt werden, solange der Eisenquerschnitt zwischen 0,8 und 2 % des Betonquerschnittes beträgt.

Soll dieser Tausch wirtschaftlich zweckmäßig sein, so müßte die Kostensumme durch ihn geringer werden. Bezeichnen wir also mit β den Preis von einem Hundertstel Kubikmeter Beton, mit ε den Preis von einem Kilogramm Eisen, beides auf das fertige Bauwerk bezogen, so müßte, um die Armierung zu begründen

$$r\,\varepsilon < \frac{n\,\beta}{100} \qquad 55.)$$

sein. Für die Längsarmierung ist im allgemeinen $r = 1{,}0$. Führen wir außerdem n = 15 ein, so schreibt sich die Bedingung

$$\frac{\beta}{\varepsilon} > 6{,}67. \qquad 56.)$$

Bilden wir den denkbar größten Wert dieses Verhältnisses, indem wir den höchsten praktisch vorkommenden Betonpreis mit dem niedersten Eisenpreis zusammennehmen, so wird

$$\frac{\beta}{\varepsilon} = \frac{46}{16} = 2{,}88.$$

Die Bedingung 56.) für die Wirtschaftlichkeit einer Längsarmierung der Druckzone kann demnach unter den jetzigen Verhältnissen nicht entfernt erfüllt werden. Man wird also stets danach trachten, eine Längsarmierung der Druckzone ganz zu vermeiden oder, wie bei den zentrisch belasteten Säulen, das konstruktive bzw. vorgeschriebene Minimum für dieselbe nicht zu überschreiten.

In Form von Umschnürung ist das Eisen wirksamer und ersetzt etwa einen 2 n-fachen Betonquerschnitt. Gleichzeitig darf r etwa gleich 0,9 gesetzt werden. Die Wirtschaftlichkeit der Umschnürung ist dann auszudrücken durch

$$\frac{\beta}{\varepsilon} > \frac{100 \cdot 0{,}9}{30} = 3{,}0. \qquad 57.)$$

Diese Zahl liegt nicht mehr außerhalb aller Möglichkeit, wenn auch immerhin zu berücksichtigen ist, daß die Spiralarmierung teurer kommt als gewöhnliches Moniereisen; auch kostet der fette Beton der umschnürten Säule besonders viel. Man kann wohl sagen, daß der Nachteil der höheren Kosten, welcher der Spiralarmierung im allgemeinen anhaftet, unter Umständen sehr geringfügig werden kann.

Die Ersparnis an Schalung, welche der teilweise Ersatz der Betonquerschnittfläche durch die Armierung zur Folge hat, wurde hierbei vernachlässigt. Im ersten Fall hat er keinen Einfluß auf das Endergebnis; im zweiten Fall ist er bei der praktischen Anwendung natürlich in Betracht zu ziehen.

2. Beiderseitige Armierung für exzentrischen Druck bei gegebenen Abmessungen des Betons.

Es ist heute allgemein anerkannt und bildet die Einleitung einer jeden Besprechung der exzentrischen Belastung, daß der Fall der gegebenen Betonabmessungen und der gesuchten Eiseneinlagen die Regel bildet. Wir müssen hieran schon deshalb festhalten, weil das gegebene Biegungsmoment, also der wichtigere Teil der äußeren Kräfte, bei einer Änderung der Betonabmessungen sich ebenfalls ändert. Diese Beeinflussung der äußeren Kräfte kann man nur selten als Funktion der Querschnitthöhe ausdrücken, weil man es hier in den meisten Fällen nicht mit statisch bestimmten Konstruktionen zu tun hat. Bei den statisch unbestimmten Konstruktionen aber, bei den Bogen und Rahmen, an die bei dieser Aufgabe hauptsächlich zu denken ist, zieht eine Änderung der Querschnittabmessungen auch für die Schnittkräfte Änderungen nach sich, die man mitunter wohl der Richtung nach angeben, aber keinesfalls ihrer Größe nach schätzen kann. Man muß deshalb entweder bei der Dimensionierung die zu Anfang der Untersuchung gewählten Betonabmessungen beibehalten und durch entsprechende Armierung den inneren Kräften anpassen, oder man muß die ganze Untersuchung des Systems mit neu gewählten, als besser passend geschätzten Abmessungen wiederholen. Nur für den Zweck dieser Schätzung darf man vielleicht annehmen, daß bei bleibender Bogenachse auch die Stützlinie ungefähr liegen bleibt; dies kann genügend zutreffen, wenn die nachträglichen Querschnittsänderungen sich über die ganze Länge des Bogens gleichmäßig erstrecken.

Wir setzen bei dieser Betrachtung das übliche und einzig brauchbare Verfahren voraus, nach welchem die Trägheitsmomente gleich denen eines homogenen Körpers angenommen, d. h. proportional der dritten Potenz der Querschnittshöhe gesetzt werden (vgl. Handbuch für Eisenbetonbau, 2. Auflage, 6. Band, Brückenbau, Seite 154). Die wissenschaftliche Berechtigung dieses Verfahrens hat in der vierten Auflage des „Eisenbetonbau" von Prof. Dr. E. Mörsch eine eingehende Begründung erfahren.

Die Dimensionierung beschränkt sich also zunächst auf die Aufgabe, bei gegebenen Schnittkräften die zu gegebenen Betonabmessungen gehörigen Armierungen zu berechnen. Die direkte Lösung dieser Aufgabe bei Ausnutzung der zulässigen Spannungen ist in den letzten Jahren bekannt geworden. Die diesbezüglichen Fragen haben eine besondere Vereinfachung erfahren, seit man auf den Gedanken kam, die Einzelkräfte nicht an den Querschnittsschwerpunkt, sondern an die Zugeisen zu verlegen. Man wird, um diese Vereinfachung richtig auszunutzen, künftig bei Rahmenkonstruktionen nicht Kernpunktmomente, sondern Momente bezogen auf die Eiseneinlagen ermitteln. Die Frage nach der Notwendigkeit einer Druckarmierung ist dann sofort über den ganzen Rahmen in einfacher Weise zu beantworten, und die Dimensionierung läßt sich rasch erledigen.

Wir haben uns nun an Hand dieser Hilfsmittel mit der Frage zu beschäftigen, unter welchen Bedingungen die Ausnutzung der zulässigen Spannungen wirtschaftlich ist. Da der Betonquerschnitt gegeben ist, sind die Kosten für Beton und für Schalung unveränderlich und scheiden von vornherein aus; die Kosten für die Armierung, welche als allein maßgebend verbleiben, sind proportional der gesamten Eisenquerschnittfläche. So ergibt sich die bekannte Bedingung

$$f + f' = \text{Min.}$$

Je nachdem wir den Ausdruck für diese Summe nach σ_b oder nach σ_e partiell differenzieren, erhalten wir eine Bestimmungsgleichung für den wirtschaftlichen Wert der betreffenden Spannung.

Um eine genügend einfache Darstellung der Rechnungsvorgänge zu ermöglichen, bedienen wir uns wiederum jener Voraussetzung, welche sich schon bei der Berechnung der druckarmierten Platte bewährt hat: wir denken uns nämlich die Druckeisen in den Betondruckmittelpunkt verlegt um einen einheitlichen „Hebelarm der inneren Kräfte“ herzustellen.

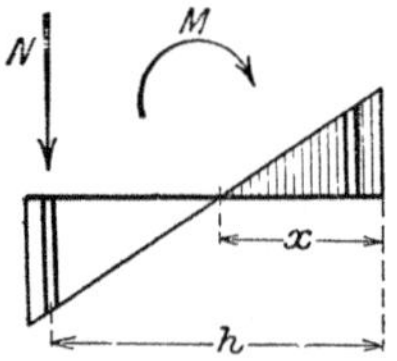

Fig. 9.

Aus den Gleichgewichtsbedingungen gegen Drehen um die beiden Eiseneinlagen kann man sofort die Gleichungen für diese letzteren anschreiben:

$$f = \frac{M}{\left(h - \frac{x}{3}\right)\sigma_e} - \frac{N}{\sigma_e} \quad \text{und} \quad f' = \frac{M}{\left(h - \frac{x}{3}\right)\sigma_e'} - \frac{b\,x\,\sigma_b}{2\,\sigma_e'}. \qquad 58.)$$

Da bei unserer Annahme $\sigma_e' = \frac{2}{3}\,n\,\sigma_b$ sein muß, so geht die letzte Gleichung über in

$$f' = \frac{9\,M}{(3\,h - x)\,2\,n\,\sigma_b} - \frac{3\,b\,x}{4\,n}. \qquad 59.)$$

Wir eliminieren nun x, wofür wir aus der Geradlinigkeit des Spannungdiagrammes die Beziehung ablesen:

$$x = \frac{n\,\sigma_b}{\sigma_e + n\,\sigma_b} \cdot h.$$

Führen wir dies in die beiden Gleichungen ein und schreiben zur Abkürzung

$$\frac{\sigma_e + n\,\sigma_b}{\sigma_e + \frac{2}{3}\,n\,\sigma_b} = \gamma,$$

so wird

$$f = \frac{M}{h\,\sigma_e} \cdot \gamma - \frac{N}{\sigma_e}, \qquad 60.)$$

$$f' = \frac{3\,M}{2\,n\,h\,\sigma_b} \cdot \gamma - \frac{3\,b\,h}{4} \cdot \frac{\sigma_b}{\sigma_e + n\,\sigma_b}. \qquad 61.)$$

Wir wollen nun zunächst untersuchen, in welcher Weise die Kosten bei konstanter Eisenspannung von der Betondruckspannung abhängen. Hierfür ist σ_e als konstant anzunehmen und die beiden Eisenquerschnitte nach σ_b zu differenzieren. Man erhält

$$\frac{\partial f}{\partial \sigma_b} = + \frac{M n}{3 h \left(\sigma_e + \frac{2}{3} n \sigma_b\right)^2}, \qquad 62.)$$

$$\frac{\partial f'}{\partial \sigma_b} = - \frac{M}{2 n h \sigma_b^2} \cdot \frac{3 \sigma_e^2 + 4 n \sigma_b \sigma_e + 2 n^2 \sigma_b^2}{\left(\sigma_e + \frac{2}{3} n \sigma_b\right)^2} - \frac{3 b h \sigma_e}{4 (\sigma_e + n \sigma_b)^2}. \qquad 63.)$$

Man sieht, daß bei wachsender Betondruckspannung der erforderliche Zugeisenquerschnitt ebenfalls wächst, der Druckeisenquerschnitt dagegen abnimmt.

Wir müßten nun die Summe der beiden Ausdrücke gleich Null setzen und daraus σ_b berechnen. Um übersehen zu können, wohin dies führt, bringen wir zunächst 62.) auf die Form

$$\frac{\partial f}{\partial \sigma_b} = \frac{M \cdot \frac{2}{3} n^2 \sigma_b^2}{2 n h \sigma_b^2 \left(\sigma_e + \frac{2}{3} n \sigma_b\right)^2}.$$

Nun ist der Nenner der gleiche wie der des ersten Summanden von 63). Dieser ist negativ und enthält im Zähler das Glied $M \cdot 2 n^2 \sigma_b^2$, welches sich mit dem Zähler von $\frac{\partial f}{\partial \sigma_b}$ ohne weiteres zu $- \frac{4}{3} M n^2 \sigma_b^2$ zusammenfassen läßt.

Es zeigt sich also, daß der positive Betrag $\frac{\partial f}{\partial \sigma_b}$ stets gegen einen Teil des negativen Betrages $\frac{\partial f'}{\partial \sigma_b}$ sich aufhebt und ein Rest von letzterem allein übrig bleibt. Da alle in den Formeln enthaltenen Größen reelle positive Werte sind, so ist damit entschieden, daß ein Nullwerden der Summe unmöglich ist. Wenn wir auf den sachlichen Sinn übergehen, lautet die Wahrnehmung: Bei zunehmender Betondruckspannung bildet der Mehrbedarf an Zugarmierung immer nur einen Teil der Ersparnis an Druckarmierung; die Eisenquerschnittsumme kann also nur abnehmen. Man muß demnach die zulässige Betondruckspannung immer ausnutzen, solange dabei noch eine Druckarmierung nötig ist.

Die mathematische Auflösung der Gleichung hätte keine reelle Lösung geben können außer $\sigma_b = \infty$. Daß dieser Wert die Gleichung befriedigt, ist sofort zu erkennen. Seine technische Übersetzung „so groß als möglich" ist in unserem Falle aufzufassen als „so groß als zulässig", führt also auch zum obigen Ergebnis.

Wir können nunmehr für den Fall doppelter Armierung σ_b ohne weiteres als fest annehmen:

$$\sigma_b = \sigma_{b\,zul}$$

und auf dieser Grundlage die günstigste Eisenzugspannung suchen. Wir bilden nach Gleichung 60.)

$$\frac{\partial f}{\partial \sigma_e} = \frac{N}{\sigma_e^2} - \frac{M}{h\,\sigma_e^2} \cdot \frac{\sigma_e^2 + 2\,n\,\sigma_b\,\sigma_e + \frac{2}{3}\,n^2\,\sigma_b^2}{\left(\sigma_e + \frac{2}{3}\,n\,\sigma_b\right)^2} \tag{64.)}$$

und nach Gleichung 61)

$$\frac{\partial f'}{\partial \sigma_e} = -\frac{M}{2\,h\left(\sigma_e + \frac{2}{3}\,n\,\sigma_b\right)^2} + \frac{3\,b\,h}{4} \cdot \frac{\sigma_b}{(\sigma_e + n\,\sigma_b)^2} \cdot \tag{65.)}$$

Beide Beträge können sowohl positiv als negativ sein, so daß ein Minimum der Eisenquerschnittsumme wohl möglich ist. Wir bilden deshalb die Summe, setzen sie gleich Null und lösen nach σ_e auf. Das Ergebnis läßt sich schreiben:

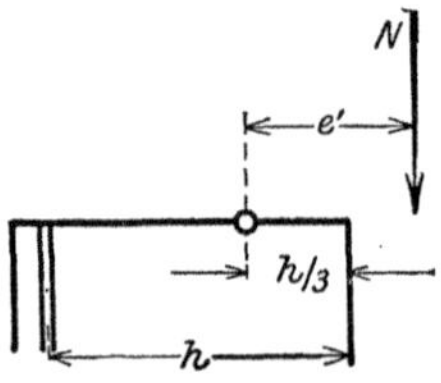

Fig. 10.

$$\frac{\sigma_e}{\sigma_e + n\,\sigma_b} = C = \sqrt{\frac{2\,N\,e'}{b\,h^2\,\sigma_b}}, \tag{66.)}$$

wobei e' der Hebelarm der exzentrischen Druckkraft für den druckseitigen Drittelspunkt der statischen Höhe ist. Wenn man hinzunimmt, daß die Gleichung

$$\frac{\sigma_e}{\sigma_e + n\,\sigma_b} = C$$

befriedigt wird durch

$$\sigma_e = \frac{C}{1 - C} \cdot n\,\sigma_b,$$

so erscheint die Formel sehr handlich für die praktische Benutzung. Eine weitere Umformung empfiehlt sich nicht.

Durch Formel 66.) wird jene Eisenzugspannung bestimmt, für welche die Gesamtarmierung einen Kleinstwert erreicht. Sie ist deshalb für die Berechnung exzentrisch belasteter Querschnitte, welche eine doppelte Armierung nötig haben, in erster Linie maßgebend.

Das Resultat für σ_e ist ohne weiteres zu benutzen in allen Fällen, wo $0 < \sigma_e < 1000$ kg/qcm, falls letztere Ziffer als zulässige Grenze vorgeschrieben ist. Dem entspricht $0 < C < 0,625$, wenn gleichzeitig $\sigma_b = 40$ kg/qcm gegeben ist. Wenn wir Gleichung 66.) in diesen Ausdruck einführen, so ergibt sich nach einiger Umformung

$$0 < e' < 7,8 \cdot \frac{b\,h^2}{N}. \qquad 67.)$$

Demnach kann Gleichung 66.) bloß dann einen positiven Wert für σ_e ergeben, wenn die exzentrische Druckkraft außerhalb des Drittelpunktes der statischen Höhe angreift; wenn dies nämlich nicht der Fall ist, so ist überhaupt von Zugarmierung keine Rede mehr, und die Spannungsverhältnisse sind vollkommen andere, als wie unsere Formeln sie voraussetzen. Wichtig ist die obere Grenze, welche über die Wirtschaftlichkeit der zulässigen Spannung $\sigma_e = 1000$ kg/qcm entscheidet. Der Bereich, in welchem kleinere Eisenzugspannungen wirtschaftlich sind, ist umso größer, je reichlicher die Querschnittabmessungen sind; es ist begreiflich, daß bei knappen Querschnittabmessungen sämtliche Spannungen so hoch als möglich genommen werden müssen.

Der erste Schritt zur Berechnung eines exzentrisch belasteten Querschnitts ist also die Anwendung des Kennzeichens 67.). Die Fälle geringer Exzentrizität, bei denen die Schnittkraft durchs mittlere Drittel der statischen Höhe geht, werden wir später eigens behandeln. Wenn der gegebene Wert von e′ unterhalb der Grenze $7,8 \frac{b\,h^2}{N}$ bleibt, so ist aus Gleichung 66.) die günstigste Eisenzugspannung zu berechnen, andernfalls muß der zulässige Wert von 1000 kg/qcm ausgenutzt werden. Für einen anderen Wert der zulässigen Eisenspannung oder auch für eine andere Betondruckspannung ist selbstverständlich der Koeffizient, welcher unsere Ziffer 7,8 ersetzt, einfach dadurch zu ermitteln, daß man die entsprechenden Werte in Gleichung 66.) einsetzt.

Hat man hiernach einen passenden Wert von σ_e gefunden, so ermittelt man auf bekannte Weise die Breite der Druckzone auf Grund der gegebenen Randspannungen, oder einfacher als $x = (1 - C) \cdot h$, sowie die Spannung der gedrückten Eiseneinlage. Die Gleichgewichtsbedingungen gegen Drehen um die beiden Eiseneinlagen, aufgestellt für die genauen Querschnittabmessungen, geben dann ohne weiteres die Werte von f und f′. Unsere Vereinfachung hinsichtlich des gemeinsamen Druckmittelpunktes beizubehalten, empfiehlt sich hierfür nicht, da die genaue Rechnung keinerlei Schwierigkeiten macht.

Je nach den besonderen Verhältnissen eines Beispieles besteht nun sowohl für f′ als auch für f die Möglichkeit, negativ zu werden. Ersteres tritt ein, wenn der Querschnitt reichlich groß ist im Verhältnis zu den angreifenden Kräften; letzteres dann, wenn die Exzentrizität der Druckkraft sehr gering ist. In beiden Fällen hat das mathematische Resultat keine praktische Giltigkeit; es beweist vielmehr, daß der Geltungsbereich der zugrunde gelegten Annahmen überschritten wurde, und daß diese Annahmen durch besser zutreffende zu ersetzen sind. Wir können daher die bisherige Theorie auf solche Fälle nicht anwenden, sondern müssen die entsprechenden Verhältnisse von Grund auf frisch untersuchen.

3. Wegfall der Druckarmierung bei gegebenen Abmessungen des Betons.

Die Bedingung für das Verschwinden der Druckarmierung erhalten wir aus Gleichung 61.)

$$\frac{M}{b\,h^2} = \frac{n\,\sigma_b^2}{2} \cdot \frac{\sigma_e + \frac{2}{3}\,n\,\sigma_b}{(\sigma_e + n\,\sigma_b)^2}. \qquad 68.)$$

Wenn wir wie früher den Ausdruck $C = \frac{\sigma_e}{\sigma_e + n\,\sigma_b}$ einführen, so fällt die Druckarmierung in allen jenen Fällen weg, wo

$$\frac{6\,M}{b\,h^2\,\sigma_b} \leqq (1 - C) \cdot (2 + C). \qquad 69.)$$

Diese Formeln gelten streng für beliebige Lage der Druckarmierung, so daß unsere Verschiebung derselben in den Betondruckmittelpunkt hier nicht mehr von Einfluß ist. Denn es ist klar, daß der Angriffspunkt der Druckarmierung in dem Augenblick gleichgültig wird, wo dieselbe überhaupt verschwindet. Man kann aber auch die gleichen Formeln aus den Gleichgewichtsbedingungen eines Querschnitts ohne Druckarmierung ableiten.

Setzen wir $n = 15$, $\sigma_e = 1000$ kg/qcm, $\sigma_b = 40$ kg/qcm in die Gl. 69.) ein, so wird

$$C = \frac{5}{8} \text{ und } M \leqq 6{,}5625\,b\,h^2. \qquad 70.)$$

Nach dieser Formel kann man bei gegebenen Betonabmessungen jenes Biegungsmoment berechnen, welches die Ausnutzung der zulässigen Spannungen gestattet, aber keine Druckarmierung erfordert. Eine entsprechende Gleichung findet man im „Eisenbetonbau" von Prof. Dr. Mörsch, 4. Aufl., Seite 230. Der veränderte Koeffizient 5,554 erklärt sich dadurch, daß dort mit der ganzen Betonstärke gerechnet und $h = 0{,}92\,d$ angenommen wird. Eine dementsprechende Umrechnung erweist die Identität der beiden Gleichungen.

Formel 70.) ist durch Einsetzen der zulässigen Spannungen erhalten. Nun ist nach unseren früheren Untersuchungen für σ_b stets dieser Grenzwert zu nehmen; für σ_e dagegen ist der wirtschaftliche Wert nach Gleichung 66.) zu verwenden. Da dieser, falls überhaupt brauchbar, kleiner ist als 1000, so rückt die Grenze für M höher als nach 70.);

für $\sigma_e = 500$ kg/qcm erhält man z. B. $M \leqq 8{,}93\, b\, h^2$,

für $\sigma_e = 0$ erhält man z. B. $M \leqq 13{,}33\, b\, h^2$.

Der Momentengrenzwert, bei welchem die Druckarmierung unwirtschaftlich wird, liegt also nicht fest, sondern wird nach Gleichung 66.) auch durch die Größe der Normalkraft beeinflußt. Das hat zur Folge, daß man, sofern die wirtschaftliche Eisenzugspannung unter dem zulässigen Betrag bleibt, die Grenze für das Verschwinden der Druckarmierung in jedem einzelnen Zahlenbeispiel frisch bestimmen muß. Das Verfahren wird aber doch nur mäßig kompliziert, da man die Formel 69.) in unmittelbarem Anschluß an 66.) auswerten kann, indem man mit dem Wert C anstatt mit σ_e selbst arbeitet. Man hat dann nur darauf zu achten, daß der Wert C, der sich aus Gleichung 66.) ergibt, durch $0{,}625 = \frac{5}{8}$ zu ersetzen ist, sobald er diesen Betrag überschreitet.

Zur weiteren Vereinfachung läßt sich auch noch beweisen, daß die Druckarmierung unmöglich wegfallen kann, und folglich die Anwendung des Kennzeichens 69.) überflüssig ist, sobald für C nach Formel 66,) der obere Grenzwert anzunehmen ist. Man hat nämlich nach 67.)

$$e' > 7{,}8\,\frac{b\,h^2}{N}, \quad \text{also} \quad \frac{6\,N\,e'}{b\,h^2\,\sigma_b} > 1{,}17$$

als Bedingung für die Annahme $C = \frac{5}{8}$. Anderseits erhält man für $C = \frac{5}{8}$ aus Formel 69.)

$$\frac{6\,M}{b\,h^2\,\sigma_b} < 0{,}985$$

als Bedingung für den Wegfall der Druckarmierung. Nun ist aber klar, daß

$$M = N\left(e' + \frac{2\,h}{3}\right) > N\,e',$$

daß also für $C = \frac{5}{8}$ jedenfalls auch $\frac{6\,M}{b\,h^2\,\sigma_b} > 1{,}17$ erfüllt sein muß. Dadurch wird aber die Bedingung für das Verschwinden der Druckarmierung vollkommen ausgeschlossen. Wenn man also durch 67.) ermittelt hat, daß $C = \frac{5}{8}$ anzunehmen ist, so wird ohne weiteres auch eine Doppelarmierung nötig; die Formel 69.) ist nur dann anzuwenden, wenn 67.) und 66.) ein ermäßigtes C ergeben haben.

Wenn das angreifende, auf die Zugeisen bezogene Moment größer wird, als durch 69.) angegeben, so ist eine Druckarmierung erforderlich und Gleichung 66.) tritt in Kraft. Ist M dagegen kleiner, so ist die Druckarmierung aus den Annahmen zu streichen.

Damit haben wir um eine Unbekannte weniger, haben aber noch dieselben Gleichgewichtsbedingungen, so daß die Aufgabe überbestimmt wird, wenn wir nicht irgendeine der bisher als bekannt angenommenen Größen für unbekannt erklären. Dies kann natürlich nur ein Spannungswert sein. σ_b und σ_e dürfen also jetzt nicht mehr beide beliebig gewählt werden, sondern sind bei gegebenem Biegungsmoment durch die Gl. 68.) zueinander in Beziehung gesetzt.

Mit Substitution aus Gleichung 68.) können wir nun zunächst die Gleichung 60.) auf die Form bringen:

$$f = \frac{n\, b\, h\, \sigma_b^2}{2\, \sigma_e (\sigma_e + n\, \sigma_b)} - \frac{N}{\sigma_e}. \qquad 70\,a.)$$

Nach dieser Gleichung ist für die gegenwärtige Aufgabe die Armierung zu berechnen, sobald man über die Wahl der Spannungswerte σ_b und σ_e entschieden hat.

Einen dieser beiden Weıte dürfen wir noch willkürlich festsetzen und haben dafür die Forderung der Wirtschaftlichkeit aufzustellen. Diese reduziert sich im vorliegenden Falle darauf, daß die Zugarmierung f einen Kleinstwert annehmen muß.

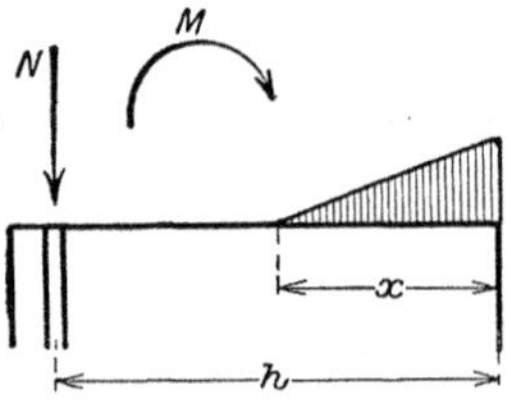

Fig. 11.

Eine mathematische Lösung hierfür ist nicht einfach zu geben. Die Benutzung der Gleichung 70 a.) zusammen mit der Gleichung 68) gemäß dem Verfahren für Extremwerte mit Nebenbedingungen wird zu kompliziert.

Eine Vereinfachung der Beziehungen gelingt dadurch, daß wir die Druckzonenbreite x (Abstand der Nullinie von der gedrückten Betonkante) zu Hilfe nehmen. Wir stellen hierfür die Gleichgewichtsbedingungen auf:

$$M = \frac{b\,x}{2}\sigma_b\left(h - \frac{x}{3}\right); \qquad f = \frac{M}{\left(h - \frac{x}{3}\right)\sigma_e} - \frac{N}{\sigma_e};$$

durch Eliminieren der Spannungswerte

$$\sigma_b = \frac{2\,M}{b\,x\left(h - \frac{x}{3}\right)} \quad \text{und} \quad \sigma_e = \frac{2\,M\,n\,(h - x)}{b\,x^2\left(h - \frac{x}{3}\right)}$$

wird

$$f = \frac{3\,b\,x^2\,(M - N\,h) + N\,b\,x^3}{6\,M\,n\,(h - x)}. \qquad 71.)$$

Diese Formel differenziert und der erhaltene Ausdruck gleich Null gesetzt, ergibt die Beziehung

$$2\,N\,x^2 + 3\,x\,(M - 2\,N\,h) - 6\,h\,(M - N\,h) = 0,$$

woraus

$$x = \frac{3\,h}{2} - \frac{3\,M}{4\,N} - \frac{3\sqrt{M^2 + \frac{4}{3}\,M\,N\,h - \frac{4}{3}\,N^2 h^2}}{4\,N}. \qquad 72.)$$

Für den wenig exzentrischen Angriff $M = N\,h$ wird hiernach $x = 0$; in der Regel ist die Exzentrizität größer, dann wird x negativ, weil die beiden negativen Summanden wachsen. Anderseits erhält man für den Fall, daß die Druckkraft im Drittel der statischen Höhe angreift, also $M = \frac{2}{3}\,N\,h$ wird, ganz richtig das Resultat $x = h$, also $\sigma_e = 0$. Ob dabei die Betondruckspannung nicht zu groß wird, ist natürlich eine andere Frage.

Der letztberührte Fall hat für die Schlußfolgerungen nichts zu sagen; in allen anderen Fällen dürfte der Wert x aus Gleichung 72.) kleiner sein, als es sich mit den zulässigen Spannungen verträgt. Für $M \geqq N\,h$ bestätigt sich das ohnedies. Aber auch für etwas geringere Exzentrizitäten gibt 72.) eine so schmale Druckzone, daß die Randspannung sicher das zulässige Maß überschreitet, sofern nur überhaupt die Druckkraft so groß ist, daß nicht jede Armierung überflüssig wird. Die praktische Konsequenz besteht darin, daß man die Betondruckzone so klein als möglich nehmen, die Nullinie so weit als möglich an den gedrückten Rand schieben muß. Man muß also auch hier die zulässige Betondruckspannung ausnutzen, sofern die äußeren Abmessungen wirklich unveränderlich sind.

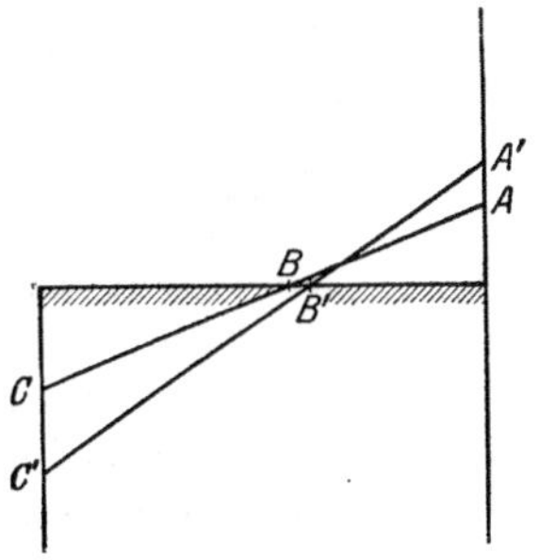

Fig. 12.

Dieses Ergebnis konnte auch durch Überlegung gefunden werden. Wenn wir in dem beistehenden Spannungsdiagramm die Betondruckspannung von A nach A' steigern, so muß die Betondruckzone schmäler werden, also B nach B' rücken, weil der Inhalt des Betondruckdreiecks ein wenig kleiner wird. Die Folge ist, daß die Eisenzugspannung stark wächst, indem C nach C' wandert. Daß bei konstantem M die Werte σ_b und σ_e sich in der gleichen Richtung bewegen müssen, kann auch aus Gleichung 68.) entnommen werden, weil dort der Einfluß der einen Variabeln im Zähler, der der anderen im Nenner überwiegt. Eine Steigerung von σ_b hat also eine Verminderung der Zugei enquerschnittfläche zur Folge, und man erhält den kleinstmöglichen Betrag an Eisenquerschnitt, wenn man die Betondruckspannung mit dem größten zulässigen Wert einsetzt.

Somit ist σ_b gleich dem zulässigen Wert gegeben und Gleichung 68. nach σ_e aufzulösen. Man erhält

$$C = -\frac{1}{2} + \frac{3}{2}\sqrt{1 - \frac{8\,M}{3\,b\,h^2\,\sigma_b}} \quad \text{und} \quad \sigma_e = \frac{C}{1 - C} \cdot n\,\sigma_b. \qquad 73$$

Daß diese Gleichung nur dann einen reellen Wert liefern kann, wenn

$$\sigma_b > \frac{8}{3}\frac{M}{b\,h^2},$$

hat schon deshalb nichts zu bedeuten, weil in diesem Grenzfall die Eisen zugspannung negativ, nämlich

$$\sigma_e = -\frac{1}{3}\,n\,\sigma_b$$

würde. Man kann die letzte Ungleichung aber mit Einführung von $\sigma_b = 40$ kg/qcm auch so schreiben:

$$M > 15\,b\,h^2,$$

als Kennzeichen für jene Fälle, in denen 73.) ein imaginäres Resultat liefert. Vergleicht man dies mit 70.) und den darauffolgenden Bedingungen, so zeigt sich, daß diese Fälle bereits deshalb ausgeschlossen sind, weil sie eine Druckarmierung erfordern, und folglich die Gleichung 73.) dabei überhaupt nicht zur Anwendung kommen kann.

Die Werte $\sigma_e = 0$ und $C = 0$ erhält man für $M = 13{,}3\,b\,h^2 = \frac{b\,h^2\,\sigma_b}{3}$; $\sigma_e = 1000$ kg/qcm ergibt sich bei $M = 6{,}56\,b\,h^2$. Auf solche Weise sind alle Beziehungen der S. 71 erfüllt.

Nehmen wir nun an, man habe zu Beginn der Rechnung durch Anwendung der Gleichung 66.) oder einfacher mittels des Kriteriums 67.) erkannt, daß als Eisenzugspannung der zulässige Betrag von $\sigma_e = 1000$ kg/qcm wirtschaftlich sei; außerdem habe 69.) gezeigt, daß eine Druckarmierung überflüssig ist, daß also M kleiner ist als jener Wert, welcher in Gleichung 73.) eingesetzt $\sigma_e = 1000$ kg/qcm ergeben würde. Führt man nun den tatsächlich kleineren Wert von M in 73.) ein, so wird der Wurzelwert größer, der Wert von C wächst, und folglich steigt σ_e über den zulässigen Betrag.

Man sieht also, daß Gleichung 73.) nur in jenen Fällen zu verwenden ist, in welchen

$$M \geqq 6{,}56\, b\, h^2, \tag{74.)}$$

da sie andernfalls eine unzulässig hohe Eisenzugspannung liefern würde.

Bei der praktischen Anwendung besteht zwischen der Bedingung 74.) und den Formeln 69.) und 70.) keinerlei Zusammenhang. Die frühere Formel 69.) dient dazu, um den Wegfall der Druckarmierung zu erkennen. Erst wenn dieser festgestellt ist, entscheidet man mittels 74.), ob eine Ermäßigung der Eisenzugspannung oder eine Verringerung der Betondruckspannung einzutreten hat. Wenn nämlich die Beziehung 74.) nicht zutrifft, so würde das Festhalten der zulässigen Betondruckspannung eine zu hohe Eisenspannung bedingen, was schon durch die Überlegungen auf S. 116 nahegelegt war. In diesem Falle muß man natürlich die zulässige Eisenzugspannung festhalten und die zugehörige Betondruckspannung suchen, welche dann unter dem zulässigen Maße bleibt.

Wenn also Gleichung 69.) erfüllt war und gleichzeitig

$$M < 6{,}56\, b\, h^2,$$

so hat man die Gleichung 68.) mit $\sigma_e = \sigma_{e\,zul}$ nach σ_b aufzulösen. Die anschaulichste Form für die Gleichung dritten Grades, welche sich hierbei ergibt, lautet

$$\sigma_b^2 \cdot \frac{\sigma_e + \frac{2}{3}\, n\, \sigma_b}{(\sigma_e + n\, \sigma_b)^2} = \frac{2\, M}{n\, b\, h^2}. \tag{75.)}$$

Noch etwas bequemer für die Auflösung ist aber die folgende Form, welche sich durch Einführung des Wertes

$$C = \frac{\sigma_e}{\sigma_e + n\, \sigma_b}$$

ergibt:

$$\frac{(1 - C)^2\,(2 + C)}{C} = \frac{6\, M\, n}{b\, h^2\, \sigma_e}, \tag{76.)}$$

$$\sigma_b = \frac{1 - C}{C} \cdot \frac{\sigma_e}{n}.$$

Jede der beiden Formen ist durch Probieren aufzulösen.

Sobald die Spannungen bekannt sind, verwende man Gleichung 70a.) zur Berechnung der Eiseneinlage.

4. Wegfall der Zugarmierung bei gegebenen Abmessungen des Betons.

Wir haben bisher in drei verschiedenen Fällen die Zugarmierung berechnet:

1. bei beiderseitiger Armierung,
2. bei wegfallender Druckarmierung für Einhaltung der zulässigen Betondruckspannung,
3. bei wegfallender Druckarmierung für Einhaltung der zulässigen Eisenzugspannung.

In allen drei Fällen sind die Formeln für den erforderlichen Zugeisenquerschnitt (60 und 70a) so beschaffen, daß sie vom mathematischen Standpunkt aus negativ werden können. Uns interessiert zunächst die Grenze, bei welcher dies eintritt, weil von da ab die Formeln ungültig sind und durch andere ersetzt werden müssen.

Die Formeln für die letzten beiden Fälle sind aus Formel 60.) durch Einsetzen der speziellen Formeln für γ und σ_e abgeleitet. Wenn wir dies berücksichtigen, so können wir Formel 60.) für alle drei Fälle zugrunde legen; auch können wir das allgemeine Kennzeichen für das Verschwinden der Zugarmierung aus ihr herleiten, wenn wir uns nur hüten, für die genannten Spannungswerte irgendwelche Ausdrücke einzusetzen, welche bloß einzelnen der drei Sonderfälle entsprechen.

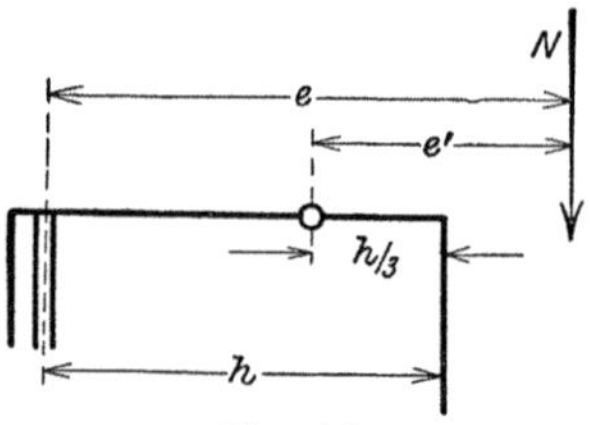

Fig. 13.

Durch einfache Umformung kann man aus Gleichung 60.) ableiten, daß die Zugarmierung negativ wird, wenn

$$e' < C \cdot \frac{h}{3}. \qquad 77.)$$

Dabei ist e' der Hebelarm der exzentrischen Druckkraft für den druckseitigen Drittelspunkt der statischen Höhe, also $\left(\frac{M}{N} - \frac{2}{3} h\right)$, und C der bekannte Wert

$$C = \frac{\sigma_e}{\sigma_e + n\,\sigma_b}.$$

In den ersten beiden der einleitend genannten Fälle ist für σ_b stets der zulässige Wert festzuhalten; alsdann kann die Grenze für e' nach 77.) schwanken zwischen 0 und $\frac{5}{24}$ h, die Grenze für e folglich zwischen $\frac{2}{3}$ h und $\frac{7}{8}$ h; wenn wir aber berücksichtigen, daß im Fall 3.) die Eisenzugspannung mit dem zulässigen Betrage festzuhalten und σ_b herabzusetzen ist, so kann diese Grenze für e bis 1,0 h hinaufrücken.

Wir erhalten also die selbstverständliche Regel, daß eine Zugarmierung stets erforderlich ist, wenn die Druckkraft außerhalb des Querschnittes angreift; daß sie dagegen stets wegfällt, wenn der Angriffspunkt im mittleren Drittel der statischen Höhe liegt. Fällt er ins äußere Drittel, so ist das Kennzeichen 77.) anzuwenden.

Für C ist dabei jener Wert einzusetzen, der sich nach den früher aufgestellten Verfahren dafür ergibt, sei es nach Gleichung 66.), 73.) oder 76.).

Diese letzten beiden Fälle sind nun aber dadurch gekennzeichnet, daß die Druckarmierung wegfällt, obwohl man sich natürlich zu Anfang der Berechnung davon überzeugt hat, daß im nichtarmierten Betonquerschnitt die zulässige Druckspannung überschritten würde. Demnach ist es ausgeschlossen, daß auch die Zugarmierung wegfällt. Es müßte sich also beweisen lassen, daß die Bedingung für den Wegfall der Druckarmierung notwendigerweise die Ungleichung 77.) ausschließt. Der mathematische Nachweis gelingt auf folgendem Wege.

Wenn die exzentrische Druckkraft im äußeren Drittel der statischen Höhe angreift, so ist die Notwendigkeit einer Armierung gegeben durch

$$\frac{2\,N}{3\,b\left(\frac{h}{3}-e'\right)} > \sigma_{b\,zul}\,,$$

weil die linke Seite die Betonrandspannung für den Fall eines dreieckigen Spannungsdiagrammes bedeutet. Wenn nun die Druckarmierung wegfällt, so muß Gleichung 69.) erfüllt werden:

$$\frac{6\,N\left(\frac{2}{3}h+e'\right)}{b\,h^2\,\sigma_b} \leqq (1-C)\,(2+C)\,.$$

Durch Eliminieren von N erhalten wir die Beziehung

$$\frac{(1-C)\,(2+C)\cdot h^2}{9\left(\frac{2}{3}h+e'\right)\left(\frac{h}{3}-e'\right)}\cdot\sigma_b > \sigma_{b\,zul}\,.$$

Der Wert von σ_b auf der linken Seite ist dabei zunächst noch beliebig, weil dafür auch die Wurzel der Gleichung 75.) in Betracht kommen kann; wenn er aber von $\sigma_{b\,zul}$ verschieden ist, so kann er nur kleiner sein als dieses. Die Ungleichung wird also erst recht erfüllt, wenn wir σ_b durch $\sigma_{b\,zul}$ ersetzen. Durch weiteres Umformen erhält man dann

$$(1-C)\,(2+C) > \left(1-3\frac{e'}{h}\right)\left(2+3\frac{e'}{h}\right).$$

Nun steht beiderseits die gleiche Funktion von zwei verschiedenen Größen. Wir reduzieren die Ungleichung zwischen den Funktionswerten auf eine Ungleichung zwischen den Werten der Veränderlichen, indem wir die Änderung der Funktion bei einer Änderung der Veränderlichen studieren. Wenn

$$\varphi(C) = (1 - C)(2 + C) = 2 - C - C^2,$$

so ist

$$\frac{d\varphi}{dC} = -1 - 2C.$$

C kann für uns nur zwischen 0 und 1 liegen, ist also jedenfalls positiv, der Wert der Ableitung deshalb immer negativ. Dies besagt, daß die Funktion sich im entgegengesetzten Sinne ändert wie die Veränderliche, daß also die Veränderliche größer werden muß, wenn die Funktion kleiner werden soll. Somit schließen wir, daß

$$3 \cdot \frac{e'}{h} > C, \quad \text{oder } e' > C \cdot \frac{h}{3}.$$

Folglich ist die Erfüllung der Bedingung 77.) im vorausgesetzten Falle unmöglich.

Wir schließen zunächst weiter, daß die Zugarmierung unentbehrlich wird, sobald $e > \frac{7}{8} h$ und eine Armierung überhaupt nötig ist. Außerdem dürfen wir jetzt die Bedingung 77.) für den Fall der Doppelarmierung spezialisieren, weil ihre Giltigkeit sich überhaupt hierauf beschränkt.

Wir können dabei einerseits annehmen, daß eine ermäßigte Eisenzugspannung als wirtschaftlich erkannt sei und erhalten durch Einführung der Formel 66.) den Ausdruck

$$e' \leqq \frac{2N}{9 b \sigma_b}. \tag{78.)}$$

Wenn anderseits die Ungleichung 67.) nicht erfüllt ist, also mit den zulässigen Spannungen gerechnet wird, so ergibt sich

$$e < \frac{7}{8} h. \tag{79.)}$$

Die beiden letzten Ungleichungen können sich natürlich nicht widersprechen, da 79.) erst dann Geltung erlangt, wenn nach 67.)

$$e' > 7{,}8 \frac{b h^2}{N}.$$

In diesem Falle würde die Grenze nach 78.) einen Wert annehmen, der größer als $\frac{7}{8}$ h ist. Wenn wir also vorher feststellen, daß im armierungsbedürftigen Querschnitt die Zugarmierung dann nicht wegfallen kann, wenn die Druckkraft außerhalb des äußersten Achtelpunktes der statischen Höhe angreift, so bleibt 78.) als einziges Kennzeichen für den Wegfall der Zugarmierung in jenen Fällen, wo

$$\frac{2}{3}h < e < \frac{7}{8}h.$$

Wir möchten nun nicht versäumen, ausdrücklich darauf hinzuweisen, daß die Formel 77.) und folglich auch 78.) nicht streng, sondern bloß angenähert gelten, weil ihrer Ableitung die vereinfachende Annahme eines gemeinsamen Druckmittelpunktes zugrunde liegt. Dies dürfte aber ihrer praktischen Verwendbarkeit keinen Eintrag tun, zumal die hierfür zu fordernde Einfachheit in weitgehendem Maße erreicht ist. Nur in jenen Fällen, wo die Ungleichung 78.) nahezu in eine Gleichung übergeht und überdies der Abstand a der Druckeisen von der Betonkante im Verhältnis zu den übrigen Querschnittabmessungen besonders klein ist, wird man sich durch ausführliche Rechnung dessen versichern, daß f wirklich negativ wird. Ein genaueres Kriterium dafür würde nicht einfacher als die vollständige Rechnung.

Nach der bisherigen Rechnungsweise mit Ausnutzung der zulässigen Spannungen konnte eine Zugarmierung erst dann in Frage kommen, wenn die Schnittkraft außerhalb des äußeren Achtelpunktes der statischen Höhe angriff. Dies entsprach dem festen Wert $C = {}^5/_8$. Wir haben nun in Formel 78.) das bemerkenswerte Resultat, daß eine (sehr schwach beanspruchte) Zugarmierung zweckmäßig werden kann, sobald die Resultierende aus dem inneren Drittel der statischen Höhe heraustritt, allerdings nur unter der Voraussetzung, daß eine Druckarmierung nötig, also die zulässige Betonrandspannung im nichtarmierten Querschnitt überschritten wird. Dieser Zusatz ist aus der mathematischen Entwicklung heraus nötig, weil die zugrunde liegenden Gleichgewichtsbedingungen eine Druckarmierung voraussetzen; für die intuitive Auffassung ist er selbstverständlich, weil der Zweck einer Zugarmierung hierbei nur der sein kann, an Druckarmierung zu sparen, eine solche also zuerst vorhanden sein muß.

Nach Wegfall der Zugarmierung ist zunächst der Fall eines dreieckigen Spannungsdiagrammes möglich, wenn die Druckkraft im äußeren Drittel des Betonquerschnittes angreift, wenn also

$$c < \frac{d}{3}.$$

Man prüft dann zunächst, ob nicht ohne jede Armierung auszukommen ist, ob also die Betondruckspannung

$$\sigma_b = \frac{2\,N}{3\,c\,b} \qquad 80.)$$

das zulässige Maß überschreitet. Dabei ist c der Abstand der äußeren Kraft von der nächstgelegenen Betonkante.

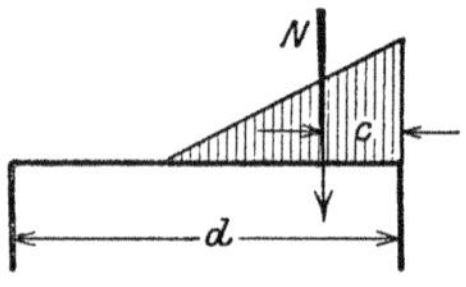

Fig. 14.

Ergibt sich aus Gleichung 80.), daß die Kantenpressung im Beton zu groß wird, so ist eine Druckarmierung anzuordnen und dabei natürlich die zulässige Betondruckspannung auszunutzen. Für diesen Fall lauten die Gleichgewichtsbedingungen:

$$N = \frac{b\,x}{2}\,\sigma_b + f'\,\sigma_e' \quad \text{und} \quad 0 = \frac{b\,x}{2}\,\sigma_b\left(\frac{x}{3} - c\right) - f'\,\sigma_e'\,(c - a).$$

Setzt man noch ein

$$\sigma_e' = \frac{x - a}{x}\,n\,\sigma_b,$$

so erhält man

$$f' = \frac{b\,x^2\left(\frac{x}{3} - c\right)}{2\,n\,(x - a)\,(c - a)} = \frac{N - \frac{b\,x}{2}\,\sigma_b}{\sigma_e'}. \qquad 81\,\text{a u. b.)}$$

Die Breite der Druckzone berechnet sich zu

$$x = \frac{3}{2}\,a + \frac{3\sqrt{b\,\sigma_b\left(a^2\,b\,\sigma_b + \frac{8}{3}\,N\,(c - a)\right)}}{2\,b\,\sigma_b}. \qquad 82.)$$

Die Formel gibt für alle praktischen Fälle die erwarteten Werte. Der mathematisch interessante Fall $c = a$, in welchem 82.) richtig den Wert $x = 3a$ liefert, 81a.) aber die unbestimmte Form $\frac{0}{0}$ annimmt, weil alle Kräfte durch den Momentenpunkt gehen, erledigt sich einfach dadurch, daß man die Formel 81b.) verwendet. Der Fall einer sehr geringen Druckkraft, in welchem f' negativ würde, ist dadurch ausgeschlossen, daß zuerst nach Gleichung 77.) die zulässige Betondruckspannung im nicht armierten Querschnitt überschritten sein muß.

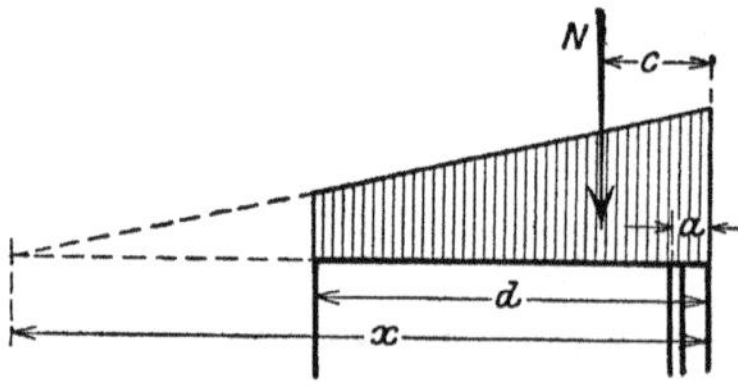

Fig. 15.

In der Regel wird der Wert von x, den Gleichung 82.) liefert, größer sein als die vorhandene Betonstärke d. Die Betondruckfläche wird dann ein Trapez, und die Gleichgewichtsbedingungen sind durch die folgenden zu ersetzen:

$$\frac{2\,N\,x}{\sigma_b} = b\,d\,(2\,x - d) + 2\,n\,f'\,(x - a);$$

$$\frac{6\,N\,x\,c}{\sigma_b} = b\,x^3 - b\,(x - d)^2\,(2\,d + x) + 6\,n\,f'\,a\,(x - a).$$

Die Lösung dieses Systems lautet mit der Abkürzung

$$L = \frac{N}{\sigma_b}:$$

$$f' = \frac{b\,d^2}{4\,n} \cdot \frac{2\,L\,(2\,d - 3\,c) - b\,d^2}{b\,d\,(d^2 - 3\,a\,[d - a]) + 3\,L\,a\,(c - a)}. \qquad 83.)$$

Vor Anwendung dieser Formel prüft man mittels der Gleichung

$$\sigma_b = \frac{2\,N}{b\,d^2}\,(2\,d - 3\,c), \qquad 84.)$$

ob die Betonrandspannung im nicht armierten Querschnitt zu groß würde, weil in diesem Falle eine Druckarmierung statisch nicht nötig ist.

Es besteht nun aber noch eine Möglichkeit. Wenn die Druckkraft fast ganz zentrisch angreift und so groß ist, daß Gleichung 84.) überschritten wird, so kann 83.) einen negativen Wert liefern. In diesem Fall wird eine Druckarmierung auf beiden Seiten des Querschnittes nötig. Wenn irgend möglich, wird man diese beiden Armierungen so bemessen, daß der Beton auf seine ganze Breite mit dem zulässigen σ_b, folglich auch alle Eiseneinlagen mit dem für eine Druckarmierung größtmöglichen Werte $n\,\sigma_b$ beansprucht sind. Es ist ohne weiteres einzusehen, daß man auf diese Weise die leichteste Armierung erhält, weil sowohl die Druckkraft, welche von den Eisen aufzunehmen bleibt, so klein wird als denkbar, als auch die Eisendruckspannung überall ihren größten Wert erreicht.

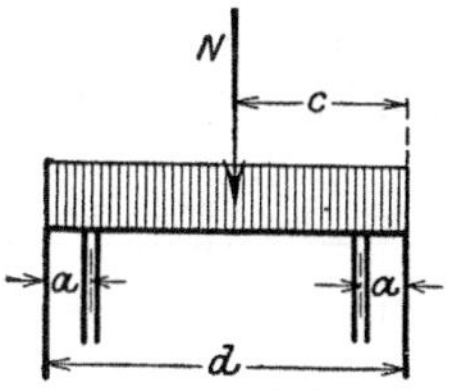

Fig. 16.

Die Formeln für die beiden so angeordneten Eiseneinlagen kann man mittels einfacher Überlegung aus der Figur entnehmen:

$$f \text{ bzw. } f' = \frac{N - b\,d\,\sigma_b}{2\,n\,\sigma_b} \mp \frac{N}{2\,n\,\sigma_b} \cdot \frac{\frac{d}{2} - c}{\frac{d}{2} - a}.^{1)} \qquad 85.)$$

[1]) Lösung für beliebige Querschnitte von Prof. Hager, s. Armierter Beton, März 1911.

Sobald die eine dieser beiden Armierungen zu Null wird, tritt Gleichung 82.) in Kraft. Dies ist der Fall, wenn

$$\frac{N}{b\,d\,\sigma_b} \leqq \frac{\frac{d}{2} - a}{c - a}. \qquad 86.)$$

In dem Grenzfall, daß diese beiden Werte einander gleich sind, geben Gleichung 85.) und 83.) das nämliche Resultat.

5. Übersicht über den Rechnungsgang bei der Bestimmung der wirtschaftlichen Armierung für gegebene Betonabmessungen.

α) Man untersucht zunächst, ob überhaupt eine Armierung nötig ist. Wenn die exzentrische Druckkraft außerhalb des Querschnittes angreift, ist dies stets der Fall; wenn sie im äußeren Drittel des Betonquerschnittes angreift, entscheidet die Bedingung

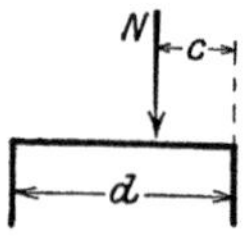

Fig. 17.

$$\frac{2\,N}{3\,c\,b} > \sigma_{b\,zul},$$

wenn sie im mittleren Drittel angreift, so entscheidet die Bedingung

$$\frac{6\,N}{b\,d^2}\left(\frac{2}{3}\,d - c\right) > \sigma_{b\,zul}$$

für die Notwendigkeit einer Armierung.

β) Für das Weitere ist es entscheidend, ob eine Zugarmierung erforderlich ist. Wenn die exzentrische Druckkraft im mittleren Drittel der statischen Höhe angreift, braucht man niemals eine Zugarmierung und kann dann direkt auf ζ) übergehen. Liegt der Angriffspunkt außerhalb des äußeren Achtelpunktes der statischen Höhe, so ist stets eine Zugarmierung erforderlich. Liegt aber der Angriffspunkt zwischen diesen beiden Stellen, ist also

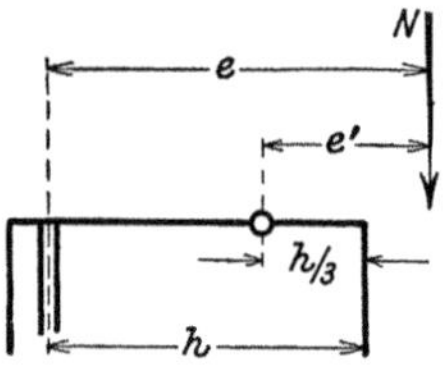

Fig. 18.

$$\frac{2}{3}\,h < e < \frac{7}{8}\,h,$$

so entscheidet die Bedingung

$$e' < \frac{2\,N}{9\,b\,\sigma_b}$$

für den Wegfall der Zugarmierung.

γ) Wenn hiernach eine Zugarmierung nötig ist, so untersucht man, ob

$$e' < 7{,}8\,\frac{b\,h^2}{N}.$$

Wenn ja, so rechnet man

$$C = \sqrt{\frac{2\,N\,e'}{b\,h^2\,\sigma_{b\,zul}}},$$

wenn nicht, so benutzt man $C = \frac{5}{8}$.

δ) Wenn hiernach der Grenzwert $C = \frac{5}{8}$ anzunehmen ist oder wenn bei kleinerem C

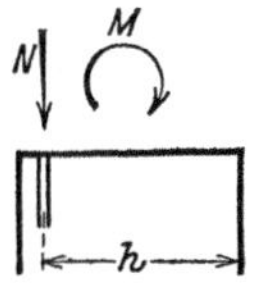

Fig. 19.

$$\frac{6\,M}{b\,h^2\,\sigma_{b\,zul}} > (1 - C)\,(2 + C),$$

so ist auch eine Druckarmierung nötig und mit dem nach γ) erhaltenen Wert C weiterzurechnen:

$$\sigma_e = \frac{C}{1 - C} \cdot n\,\sigma_{b\,zul}\,; \quad x = (1 - C) \cdot h; \qquad 87.)$$

$$\sigma_e' = \frac{x - a}{x} \cdot n\,\sigma_{b\,zul}\,; \qquad 88.)$$

$$f = \frac{M + \frac{b\,x}{2}\,\sigma_{b\,zul}\left(\frac{x}{3} - a\right)}{(h - a)\,\sigma_e} - \frac{N}{\sigma_e}; \qquad 89.)$$

$$f' = \frac{M - \frac{b\,x}{2}\,\sigma_{b\,zul}\left(h - \frac{x}{3}\right)}{(h - a)\,\sigma_e'}. \qquad 90.)$$

ε) Wenn dagegen bei ermäßigtem C

$$\frac{6\,M}{b\,h^2\,\sigma_{b\,zul}} < (1 - C)\,(2 + C),$$

so fällt die Druckarmierung weg. Wenn dann

$$M > 6{,}56\,b\,h^2,$$

so halte man die zulässige Betondruckspannung fest und rechne:

$$C = -\frac{1}{2} + \frac{3}{2}\sqrt{1 - \frac{8\,M}{3\,b\,h^2\,\sigma_{b\,zul}}} \quad \text{und} \quad \sigma_e = \frac{C}{1 - C}\,n\,\sigma_{b\,zul}\,;$$

wenn dagegen

$$M < 6{,}56\,b\,h^2,$$

so halte man die zulässige Eisenzugspannung fest und löse die Gleichung auf:

$$\frac{(1 - C)^2\,(2 + C)}{C} = \frac{6\,M\,n}{b\,h^2\,\sigma_{e\,zul}} \quad \text{und} \quad \sigma_b = \frac{1 - C}{C} \cdot \frac{\sigma_{e\,zul}}{n}.$$

Die so erhaltenen Spannungswerte (im ersten Fall σ_e und $\sigma_{b\,zul}$, im zweiten Fall σ_b und $\sigma_{e\,zul}$) sind einzusetzen in

$$f = \frac{n\,b\,h\,\sigma_b^2}{2\,\sigma_e\,(\sigma_e + n\,\sigma_b)} - \frac{N}{\sigma_e}.$$

ζ) Wenn sich nach β) ergeben hat, daß die Zugarmierung wegfällt, wenn also die Zugkraft im inneren Drittel der statischen Höhe angreift oder wenn $e' < \frac{2\,N}{9\,b\,\sigma_b}$, wenn man aber auch von α weiß, daß eine Druckarmierung nötig ist, so untersucht man, ob

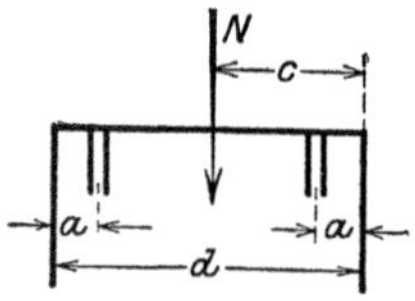

Fig. 20.

$$\frac{N}{b\,d\,\sigma_{b\,zul}} \geqq \frac{\frac{d}{2} - a}{c - a}.$$

Wenn dies erfüllt ist, so bestimmt man die beiderseitigen Armierungen aus

$$f \text{ bzw. } f' = \frac{N - b\,d\,\sigma_b}{2\,n\,\sigma_b} \mp \frac{N}{2\,n\,\sigma_b} \cdot \frac{\frac{d}{2} - c}{\frac{d}{2} - a}.$$

Hierin ist σ_b die zulässige Betonpressung, welche dabei über den ganzen Querschnitt gleichmäßig auftritt.

η) Ist dagegen

$$\frac{N}{b\,d\,\sigma_{b\,zul}} < \frac{\frac{d}{2} - a}{c - a},$$

so bestimmt man

$$x = \frac{3\,a}{2} + \frac{3\sqrt{b\,\sigma_{b\,zul}\left(a^2\,b\,\sigma_{b\,zul} + \frac{8}{3}\,N\,(c - a)\right)}}{2\,b\,\sigma_{b\,zul}}.$$

Wenn dieses x kleiner ist als die ganze Betonhöhe d, so setzt man es ein in

$$f' = \frac{N - \frac{b\,x}{2}\,\sigma_{b\,zul}}{\frac{x - a}{x}\,n\,\sigma_{b\,zul}}.$$

ϑ) Wenn dagegen das eben erhaltene x größer ist als d, so rechne man direkt

Exzentrische Druckbelastung: Übersicht über den Rechnungsga

A. Ist über

Wenn die exzentrische Druckkraft außerhalb des Querschnittes angreift, dann immer.	Wenn die exzentrische Druckkraft im äu nur falls $\frac{2\,N}{3\,b\,c} >$ (

B. Wenn hiernach eine Arı

Wenn die exzentrische Druckkraft außerhalb des äußersten Achtelpunktes der statischen Höhe angreift $\left(e > \frac{7}{8}h\right)$, oder wenn $e' > \frac{2\,N}{9\,b\,\sigma_{b\,zul}}$, so ist eine Zugarmierung nötig.

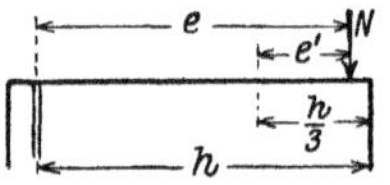

Wenn dann $e' > 7{,}8\,\frac{b\,h^2}{N}$, so benutzt man $C = \frac{5}{8}$.	Wenn $e' < 7{,}8\,\frac{b\,h^2}{N}$, so rechnet man den ermäßigten $C = \sqrt{\frac{2\,N\,e'}{b\,h^2\,\sigma_{b\,zul}}}$.

Mit dem so gefundenen C rechnet man weiter:

Wenn $C = \frac{5}{8}$, oder wenn bei ermäßigtem C die Beziehung besteht:

$$\frac{6\,M}{b\,h^2\,\sigma_{b\,zul}} > (1-C)(2+C),$$

so ist auch eine **Druckarmierung nötig,** und man rechnet mit dem oben gefundenen C:

$$\sigma_e = \frac{C}{1-C}\cdot n\,\sigma_{b\,zul};\quad x = (1-C)\,h;$$

$$\sigma_e' = \frac{x-a}{x}\cdot n\,\sigma_{b\,zul};$$

$$f = \frac{M + \frac{b\,x}{2}\,\sigma_{b\,zul}\left(\frac{x}{3}-a\right)}{(h-a)\,\sigma_e} - \frac{N}{\sigma_e};$$

$$f' = \frac{M - \frac{b\,x}{2}\,\sigma_{b\,zul}\left(h-\frac{x}{3}\right)}{(h-a)\,\sigma_e'}.$$

Wenn bei ermäßigtem C die Beziehung zutrifft:

$$\frac{6\,M}{b\,h^2\,\sigma_{b\,zul}} < (1-C)(2+C),$$

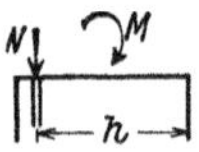

so **fällt die Druckarmierung weg,** und man rechnet von vorn:

Wenn $M \geqq 6{,}56\,b\,h^2$, so wird

$$C = -\frac{1}{2} + \frac{3}{2}\sqrt{1 - \frac{8\,M}{3\,b\,h^2\,\sigma_{b\,zul}}};$$

$$\sigma_e = \frac{C}{1-C}\cdot n\,\sigma_{b\,zul};$$

mit diesem σ_e und $\sigma_{b\,zul}$ rechnet man:

Wenn $M < 6{,}56\,b\,h^2$, so rec C aus:

$$\frac{(1-C)^2(2+C)}{C} = \frac{6\,M\,\text{r}}{b\,h^2\,\sigma_e}$$

$$\sigma_b = \frac{1-C}{C}\cdot\frac{\sigma_{e\,zul}}{n};$$

mit diesem σ_b und $\sigma_{e\,zul}$ rechr

$$f = \frac{n\,b\,h\,\sigma_b^2}{2\,\sigma_e\,(\sigma_e + n\,\sigma_b)} - \frac{N}{\sigma_e}.$$

ung der wirtschaftlichen Armierung für gegebene Betonabmessungen.

ng nötig?

s Betonquerschnittes angreift, 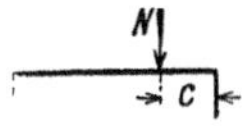	Wenn die exzentrische Druckkraft im inneren Drittel des Betonquerschnittes angreift, nur falls $\frac{6\,N}{b\,d^2}\left(\frac{2}{3}\,d - c\right) > \sigma_{b\,zul}$ 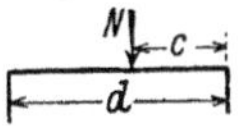

ist, so ist zu unterscheiden:

Wenn die exzentrische Druckkraft im mittleren Drittel der statischen Höhe angreift, oder wenn

$e' \leqq \frac{2\,N}{9\,b\,\sigma_{b\,zul}}$, so fällt die Zugarmierung weg.

dann

$$\frac{N}{b\,d\,\sigma_{b\,zul}} \geqq \frac{\frac{d}{2} - a}{c - a},$$

net man die **beiderseitige Druckarmierung**

$$= \frac{N - b\,d\,\sigma_{b\,zul}}{2\,n\,\sigma_{b\,zul}} \mp \frac{N}{2\,n\,\sigma_{b\,zul}} \cdot \frac{\frac{d}{2} - c}{\frac{d}{2} - a}.$$

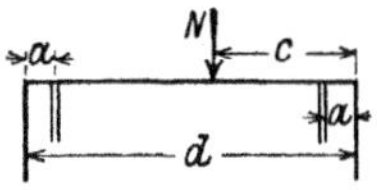

Wenn dagegen $\frac{N}{b\,d\,\sigma_{b\,zul}} < \frac{\frac{d}{2} - a}{c - a}$, so rechnet man für **einseitige Druckarmierung:**

$$x = \frac{3\,a}{2} + \frac{3\sqrt{b\,\sigma_{b\,zul}\left(a^2\,b\,\sigma_{b\,zul} + \frac{8}{3}\,N\,(c - a)\right)}}{2\,b\,\sigma_{b\,zul}}.$$

Wenn dieses $x \leqq d$, so rechnet man:

$$f' = \frac{N - \frac{b\,x}{2}\,\sigma_{b\,zul}}{\frac{x - a}{x}\,n\,\sigma_{b\,zul}},$$

für dreieckige Druckverteilung.

Wenn dieses $x > d$, so rechnet man

$$L = \frac{N}{\sigma_{b\,zul}},$$

$$f' = \frac{b\,d^2}{2\,n} \cdot \frac{2\,L\,(2\,d - 3\,c) - b\,d^2}{2\,b\,d\,(d^2 - 3\,a\,[d - a]) + 6\,L\,a\,(c - a)}.$$

für trapezförmige Druckverteilung.

Die mit ...... gekennzeichneten Koeffizienten gelten für 40 und 1000 kg/qcm als zulässige Spannungen. Falls hierfür vorgeschrieben, vgl. C. 11.

$$f = \frac{b\,d^2}{2\,n} \cdot \frac{2\,L\,(2\,d - 3\,c) - b\,d^2}{2\,b\,d\,(d^2 - 3\,a\,[d - a]) + 6\,L\,a\,(c - a)};$$

dabei ist

$$L = \frac{N}{\sigma_{b\,zul}}.$$

Die Koeffizienten 7,8 und $\frac{5}{8}$ in γ) sowie 6,56 in ε) entsprechen dem speziellen Fall, daß die zulässigen Spannungen 40 und 1000 kg/qcm sind. Falls hierfür andere Zahlen eintreten, sind diese Koeffizienten umzurechnen, wozu man den früheren Text vergleiche.

Beispiele zu C. 5.

Es genügt offenbar ein einziger Betonquerschnitt (b × h), um daran alle denkbaren Fälle der Theorie zu demonstrieren. Die absoluten Zahlen der Abmessungen haben natürlich nichts zu sagen; aber auch das Verhältnis der Breite zur Höhe ist ohne Bedeutung, weil die Sachlage nicht geändert wird, wenn man bei bleibendem h sowohl b als M und N mit dem gleichen Faktor multipliziert. Nur die verhältnismäßige Größe des Abstandes a der Eisenmitte von der Betonkante vermag das Bild zu ändern; hierauf braucht aber keine besondere Rücksicht genommen zu werden, weil der Spielraum für a gering ist.

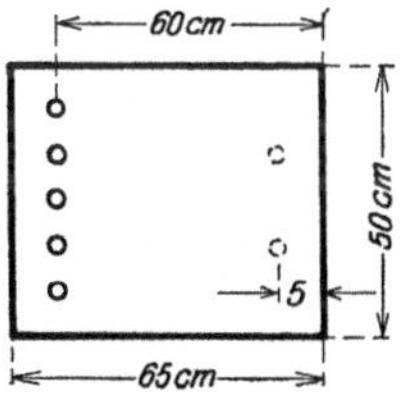

Fig. 21.

Wir wählen daher für die Beispiele α—ϑ den nebenstehenden Quer schnitt mit b = 50 cm, d = 65 cm, h = 60 cm, a = 5 cm.

α) Es sei gegeben N = 10 t,

M (auf die Zugeisen bezogen) = 19 mt

$e = \frac{19}{10} = 1{,}9$ m . . . . = 190 cm

$^2/_3$ h . . . . = 40 cm

e′ . . . . = 150 cm.

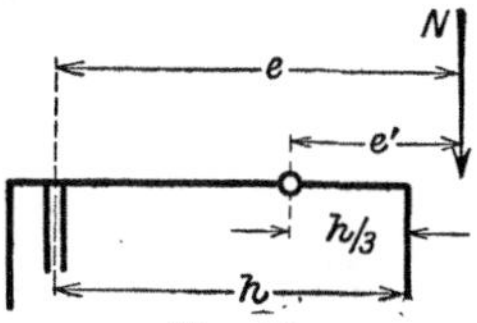

Fig. 22.

Eine Zugarmierung ist nötig, weil die Druckkraft außerhalb des Betonquerschnittes angreift.

$$\frac{N}{b\,h^2} = \frac{10\,000}{180\,000} = \frac{1}{18}; \qquad 7{,}8\,\frac{b\,h^2}{N} = 7{,}8 \cdot 18 = 140 \text{ cm},$$

$$e' = 150 \text{ cm}.$$

Folglich ist

$$e' > \frac{7{,}8\,b\,h^2}{N} \quad (67.),$$

also ist $C = \frac{5}{8}$ anzunehmen, d. h. mit Ausnutzung der zulässigen Spannungen zu rechnen. Somit wird

$$\sigma_e = 1000 \text{ kg/qcm}; \qquad x = (1 - C) \cdot h = \frac{3}{8} \cdot 60 = 22{,}5 \text{ cm};$$

$$\sigma_e' = \frac{x - a}{x} \cdot n\,\sigma_b = \frac{17{,}5}{22{,}5} \cdot 600 = 467 \text{ kg/qcm};$$

$$f = \frac{M + \frac{b\,x}{2}\sigma_b\left(\frac{x}{3} - a\right)}{(h - a)\,\sigma_e} - \frac{N}{\sigma_e} =$$

$$= \frac{1\,900\,000 + \frac{50}{2} \cdot 22{,}5 \cdot 40\,(7{,}5 - 5{,}0)}{(60 - 5) \cdot 1000} - \frac{10\,000}{1000} =$$

$$= \frac{1\,900\,000 + 56\,300}{55\,000} - 10 = 25{,}6 \text{ qcm}.$$

$$f' = \frac{M - \frac{b\,x}{2}\sigma_b\left(h - \frac{x}{3}\right)}{(h - a)\,\sigma_e'} = \frac{1\,900\,000 - \frac{50}{2} \cdot 22{,}5 \cdot 40\,(60 - 7{,}5)}{(60 - 5) \cdot 467} =$$

$$= \frac{1\,900\,000 - 1\,180\,000}{55 \cdot 467} = 28{,}0 \text{ qcm}.$$

Wie dieses Beispiel andeutet, beschränkt sich die Ausnutzung der Eisenzugspannung auf Fälle, welche eine so hohe Armierung erfordern, wie man sie praktisch überhaupt vermeiden wird. In der Mehrzahl der Fälle ist deshalb 66.) anzuwenden.

β) Es sei gegeben $\quad N = 30 \text{ t}, \quad M = 18 \text{ mt},$

$$e = \frac{18}{30} = 0{,}6 \text{ m} = 60 \text{ cm},$$

$$\tfrac{2}{3}\,h = 40 \text{ cm},$$

$$e' = 20 \text{ cm}.$$

Die Druckkraft greift also am Rand des Querschnittes an; eine Zugarmierung ist jedenfalls erforderlich.

$$\frac{N}{b\,h^2} = \frac{30\,000}{180\,000} = \frac{1}{6}; \quad 7{,}8\,\frac{b\,h^2}{N} = 7{,}8 \cdot 6 = 46{,}8 \text{ cm}, \; e' = 20 \text{ cm}.$$

Folglich ist $e' < 7{,}8 \frac{b\,h^2}{N}$ (Formel 67). Also ist zu rechnen nach 66.)

$$C = \sqrt{\frac{2\,N\,e'}{b\,h^2\,\sigma_b}} = \sqrt{\frac{2 \cdot 20}{6 \cdot 40}} = 0{,}408.$$

Damit wird

$$(1 - C)\,(2 + C) = 0{,}592 \cdot 2{,}408 = 1{,}424;$$

$$\frac{6\,M}{b\,h^2\,\sigma_b} = \frac{6 \cdot 1\,800\,000}{180\,000 \cdot 40} = 1{,}5.$$

Es ist also

$$\frac{6\,M}{b\,h^2\,\sigma_b} > (1 - C)\,(2 + C),$$

somit ist nach 69.) eine Druckarmierung nötig;

$$\sigma_e = \frac{C}{1 - C} \cdot n\,\sigma_b = \frac{0{,}408}{0{,}592} \cdot 600 = 414 \text{ kg/qcm}.$$

$$x = (1 - C)\,h = 0{,}592 \cdot 60 = 35{,}52 \text{ cm}.$$

$$\sigma_e' = \frac{x - a}{x} \cdot n\,\sigma_b = \frac{35{,}52 - 5}{35{,}52} \cdot 600 = 516 \text{ kg/qcm}.$$

$$f = \frac{M + \frac{b\,x}{2}\,\sigma_b \left(\frac{x}{3} - a\right)}{(h - a)\,\sigma_e} - \frac{N}{\sigma_e} =$$

$$= \frac{1\,800\,000 + \frac{50}{2} \cdot 35{,}52 \cdot 40\,(11{,}84 - 5)}{(60-5) \cdot 414} - \frac{30000}{414} = 17{,}4 \text{ qcm};$$

$$f' = \frac{M - \frac{b\,x}{2}\,\sigma_b \left(h - \frac{x}{3}\right)}{(h - a)\,\sigma_e'} =$$

$$= \frac{1\,800\,000 - \frac{50}{2} \cdot 35{,}52 \cdot 40\,(60 - 11{,}84)}{(60 - 5) \cdot 516} = 3{,}2 \text{ qcm}.$$

Hätte man dagegen auch in diesem Falle die Eisenzugspannung gleich dem zulässigen Betrag ansetzen wollen, so wären sämtliche von der Belastung unabhängigen Größen die gleichen geblieben wie im vorigen Beispiel, und man hätte erhalten:

$$f = \frac{1\,800\,000 + 56\,300}{55\,000} - \frac{30\,000}{1\,000} = 3{,}8 \text{ qcm},$$

$$f' = \frac{1\,800\,000 - 1\,180\,000}{55 \cdot 467} = 24{,}1 \text{ qcm}.$$

Wir stellen nun die Resultate beider Dimensionierungsweisen gegenüber:

	Zugarmierung	Druckarmierung	Summe
Bei Ausnutzung der zulässigen Eisenzugspannung $\sigma_e = 1000$ kg/qcm .	3,8	24,1	27,9
Bei der wirtschaftlichen Eisenzugspannung $\sigma_e = 414$ kg/qcm . . .	17,4	3,2	20,6 qcm.

Vgl. die Bemerkung am Schluß von γ.

Die Beispiele α) und β) bestätigen übrigens die bekannte Tatsache, daß bei gleichem Biegungsmoment ein Zuwachs an Normalkraft günstig auf den Querschnitt wirkt.

γ) Es sei gegeben $N = 25$ t, $M = 16$ mt;

$$e = \frac{16}{25} = 0,64 \text{ m} = 64 \text{ cm},$$

$$e' = 24 \text{ cm}.$$

Die Druckkraft greift außerhalb des Querschnittes an, also ist eine Zugarmierung nötig.

$$\frac{N}{b\,h^2} = \frac{25\,000}{180\,000} = \frac{1}{7,2}\ ;\ 7,8 \cdot \frac{b\,h^2}{N} = 7,8 \cdot 7,2 = 56,16 \text{ cm},$$

$$e' = 24 \text{ cm}.$$

Folglich ist $e' < 7,8 \frac{b\,h^2}{N}$, also ist nach Formel 67.) überzugehen auf 66.):

$$C = \sqrt{\frac{2\,N\,e'}{b\,h^2\,\sigma_b}} = \sqrt{\frac{2 \cdot 24}{7,2 \cdot 40}} = 0,408.$$

Hiermit wird

$$(1 - C)\,(C + 2) = 0,592 \cdot 2,408 = 1,424$$

wie oben;

$$\frac{6\,M}{b\,h^2\,\sigma_b} = \frac{6 \cdot 1\,600\,000}{180\,000 \cdot 40} = 1,333.$$

Demnach wird

$$\frac{6\,M}{b\,h^2\,\sigma_b} < (1 - C)\,(2 + C),$$

somit fällt die Druckarmierung weg.

Nun ist $6,56\ bh^2 = 6,56 \cdot 180\,000 = 1\,180\,000$ cmkg,

$M = 1\,600\,000$ cmkg.

Also ist $M > 6,56\ b\,h^2$, folglich entscheidet Formel 74.) für die Anwendung der Gleichung 73.):

$$C = -\frac{1}{2} + \frac{3}{2}\sqrt{1 - \frac{8\,M}{3\,b\,h^2\,\sigma_b}} = -\frac{1}{2} + \frac{3}{2}\sqrt{1 - \frac{8 \cdot 1\,600\,000}{3 \cdot 180000 \cdot 40}}$$
$$= 0{,}459,$$

$$\sigma_e = \frac{C}{1 - C} \cdot n\,\sigma_b = \frac{0{,}459}{0{,}541} \cdot 600 = 509 \text{ kg/qcm}.$$

Alsdann wird nach Gleichung 70 a.):

$$f = \frac{n\,b\,h\,\sigma^2_b}{2\,\sigma_e\,(\sigma_e + n\,\sigma_b)} - \frac{N}{\sigma_e} =$$
$$= \frac{15 \cdot 3000 \cdot 1600}{1018 \cdot 1109} - \frac{25000}{509} = 14{,}6 \text{ qcm}.$$

Hätte man in diesem Falle mit den zulässigen Spannungen rechnen wollen, so wäre die Druckarmierung nicht weggefallen, und man erhielte:

$$f = \frac{1\,600\,000 + 56\,300}{55\,000} - \frac{25\,000}{1\,000} = 6{,}1 \text{ qcm};$$

$$f' = \frac{1\,600\,000 - 1\,180\,000}{55 \cdot 467} = 16{,}3 \text{ qcm}.$$

Wir stellen wieder gegenüber:

	Zugarmierung	Druckarmierung	Summe
Bei Ausnutzung der zulässigen Eisenzugspannung σ_e = 1000 kg/qcm .	6,1	16,3	22,4
Bei der wirtschaftlichen Eisenzugspannung σ_e = 509 kg/qcm . . .	14,6	—	14,6 qcm.

Die Ergebnisse der Beispiele β) und γ) zeigen, daß in jenen Fällen, welche in der Praxis weitaus die Mehrzahl ausmachen, eine ermäßigte Eisenzugspannung wirtschaftlich ist, auch wenn eine geringe Druckarmierung aus konstruktiven Gründen unvermeidlich ist.

Die Einführung der ermäßigten Eisenzugspannung hat zur Folge:

1. daß die Eisenquerschnittsumme merklich geringer, die Konstruktion also billiger wird;
2. daß gleichzeitig die Sicherheit der Konstruktion erhöht wird.

Die Wirkung der druckseitigen Längsarmierung ist bekanntlich keine einwandfreie, wenigstens bei höheren Armierungsprozenten; die wirtschaftliche Dimensionierung beseitigt sie in den meisten Fällen fast vollständig, was einen entschiedenen Vorteil bedeutet. Dafür wird die Querschnittfläche der Zugarmierung erhöht; dadurch steigt die Druckfestigkeit des Betons, während die Betondruckspannung beibehalten wird. Überdies bietet das gering beanspruchte Eisen seinerseits eine stark erhöhte Rissesicherheit.

Herr Prof. Dr. Mörsch empfiehlt es seit langem, die Druckarmierung, welche man aus der Rechnung mittels der zulässigen Spannungen erhält, nachträglich auf die Zugseite zu verlegen. Daß die Sicherheit der Konstruktion dadurch steigt, wird z. B. in der vierten Auflage seines Werkes „Der Eisenbetonbau" S. 163 nachgewiesen.

Es handelt sich also um einen Fortschritt, den die Praxis auf empirischem Wege gefunden hat, und der nunmehr als theoretische Konsequenz der Wirtschaftlichkeit in Formel 66.) eine klare, einfache Fassung erfährt.

δ) Für den gleichen Querschnitt wie bisher sei gegeben

$$N = 100 \text{ t}, \qquad M = 42 \text{ mt};$$

$$e = \frac{42}{100} = 0{,}42 \text{ m} = 42 \text{ cm}; \qquad e' = e - \frac{2}{3} h = 42 - 40 = 2 \text{ cm};$$

$$c = \frac{h}{3} - e' = 18 \text{ cm}.$$

Die Druckkraft greift also im äußeren Drittel des Querschnittes an. Im nichtarmierten Querschnitt würde nach Gleichung 80.) eine Betondruckspannung auftreten von

$$\sigma_b = \frac{2N}{3cb} = \frac{2 \cdot 100\,000}{3 \cdot 18 \cdot 50} = 74 \text{ kg/qcm},$$

eine Armierung ist also unentbehrlich. Wir rechnen weiter

$$\frac{2N}{9b\sigma_b} = \frac{2 \cdot 100\,000}{9 \cdot 50 \cdot 40} = 11{,}1 \text{ cm}, \quad e' = 2 \text{ cm}.$$

Da also

$$e' < \frac{2N}{9b\sigma_b}$$

so fällt nach 78.) die Zugarmierung weg.

Nun ist zu rechnen:

$$\frac{N}{bd\sigma_b} = \frac{100\,000}{3250 \cdot 40} = 0{,}77; \qquad \frac{\frac{d}{2} - a}{c - a} = \frac{27{,}5}{13} = 2{,}11.$$

Somit ist

$$\frac{N}{bd\sigma_b} < \frac{\frac{d}{2} - a}{c - a}$$

entsprechend 86.), und wir versuchen 82.)

$$x = \frac{3a}{2} + \frac{3\sqrt{b\sigma_b\left(a^2 b\sigma_b + \frac{8}{3} N(c-a)\right)}}{2b\sigma_b} =$$

$$= \frac{3 \cdot 5}{2} + \frac{3\sqrt{50 \cdot 40\left(25 \cdot 50 \cdot 40 + \frac{8}{3} \cdot 100\,000 \cdot 13\right)}}{2 \cdot 50 \cdot 40} = 70{,}5 \text{ cm}.$$

Dabei ist x größer als d, folglich unbrauchbar, und wir bestimmen endlich den Druckeisenquerschnitt nach 83.):

$$L = \frac{N}{\sigma_b} = \frac{100\,000}{40} = 2500,$$

$$f' = \frac{b\,d^2}{2\,n} \cdot \frac{2\,L\,(2\,d - 3\,c) - b\,d^2}{2\,b\,d\,(d^2 - 3\,a\,[d - a]) + 6\,L\,a\,(c - a)} =$$

$$= \frac{50 \cdot 65^2}{30} \cdot \frac{2 \cdot 2500 \cdot 76 - 50 \cdot 65^2}{2 \cdot 50 \cdot 65\,(65^2 - 15 \cdot 60) + 6 \cdot 2500 \cdot 5 \cdot 13} = 52{,}6 \text{ qcm}$$

als sparsamste Armierung.

Es ist natürlich ein seltener Zufall, daß die Resultierende so knapp außerhalb des Drittelpunktes der statischen Höhe angreift, und nur in diesem ungewöhnlichen Fall wird die Zugarmierung überflüssig, obwohl die Druckkraft so beträchtlich ist und aus dem mittleren Drittel herausgeht. Sobald die Exzentrizität etwas größer wird, erhält man einen Fall ähnlich wie γ). Für uns handelt es sich darum, die Möglichkeit solcher Verhältnisse nachzuweisen, deren Behandlung in der allgemeinen Theorie enthalten sein muß, wenn sie allen praktischen Vorkommnissen gewachsen sein will.

ε) Unser Querschnitt sei beansprucht durch

$$N = 10\,t, \quad M = 10\,mt, \quad e = 100\,cm, \quad e' = 60\,cm.$$

Der Angriffspunkt liegt außerhalb des Querschnitts, eine Zug armierung ist also nötig.

$$\frac{b\,h^2}{N} = 18\,; \qquad 7{,}8\,\frac{b\,h^2}{N} = 7{,}8 \cdot 18 = 140{,}4\,cm; \qquad e' = 60\,cm;$$

also ist

$$e' < 7{,}8\,\frac{b\,h^2}{N},$$

folglich müssen wir nach 67.) die Gleichung 66.) benutzen:

$$C = \sqrt{\frac{2\,N\,e'}{b\,h^2\,\sigma_b}} = \sqrt{\frac{2 \cdot 60}{18 \cdot 40}} = 0{,}408.$$

Hiermit wird

$$(1 - C)\,(2 + C) = 0{,}592 \cdot 2{,}408 = 1{,}424;$$

$$\frac{6\,M}{b\,h^2\,\sigma_b} = \frac{6 \cdot 1\,000\,000}{180\,000 \cdot 40} = \frac{5}{6}.$$

Demnach ist

$$\frac{6\,M}{b\,h^2\,\sigma_b} < (1 - C)\,(2 + C),$$

und nach 69.) verschwindet die Druckarmierung.

Nun ist

$$6{,}56\ b\,h^2 = 6{,}56 \cdot 180\,000 = 1\,180\,000 \text{ cmkg},$$
$$M = 1\,000\,000 \text{ cmkg};$$

also
$$M < 6{,}56\ b\,h^2.$$

Wir müssen daher laut 74.) die Gleichung 76.) auflösen:

$$\frac{(1-C)^2(2+C)}{C} = \frac{6\,M\,n}{b\,h^2\,\sigma_e} = \frac{6 \cdot 1\,000\,000 \cdot 15}{180\,000 \cdot 1000} = 0{,}5\,.$$

Durch Probieren erhält man $C = 0{,}650$,

$$\sigma_b = \frac{1-C}{C} \cdot \frac{\sigma_e}{n} = \frac{0{,}35}{0{,}65} \cdot \frac{1000}{15} = 35{,}9 \text{ kg/qcm};$$

nach 70a.) wird dann

$$f = \frac{n\,b\,h\,\sigma_b^2}{2\,\sigma_e(\sigma_e + n\,\sigma_b)} - \frac{N}{\sigma_e} = \frac{15 \cdot 3000 \cdot 35{,}9^2}{2000\,(1000 + 15 \cdot 35{,}9)} - \frac{10\,000}{1000} = 8{,}8 \text{ qcm}.$$

Die Rechnung mittels der zulässigen Spannungen gibt in diesem Fall unbrauchbare Werte.

ζ) Der bekannte Querschnitt sei beansprucht durch

$$N = 60 \text{ t}, \quad M = 31{,}2 \text{ mt};$$

$$e = \frac{3120}{60} = 52 \text{ cm}; \qquad e' = 12 \text{ cm}; \qquad c = 8 \text{ cm}.$$

Der Angriffspunkt der Druckkraft liegt im äußeren Drittel des Betonquerschnittes; die Druckspannung im nicht armierten Betonquerschnitt würde daher nach 80.)

$$\sigma_b = \frac{2\,N}{3\,b\,c} = \frac{2 \cdot 60\,000}{3 \cdot 50 \cdot 8} = 100 \text{ kg/qcm}.$$

Also ist eine Armierung nötig. Da nun eben noch $e < {}^7/_8\,h$, so bleibt zu untersuchen, ob eine Zugarmierung anzuordnen ist.

$$\frac{2\,N}{9\,b\,\sigma_b} = \frac{2 \cdot 60\,000}{9 \cdot 50 \cdot 40} = 6{,}7 \text{ cm},$$
$$e' = 12 \text{ cm}.$$

Also ist

$$e' > \frac{2\,N}{9\,b\,\sigma_b}$$

und nach 78.) eine Zugarmierung erforderlich.

Weiter wird

$$\frac{b\,h^2}{N} = \frac{180\,000}{60\,000} = 3; \qquad 7{,}8\,\frac{b\,h^2}{N} = 7{,}8 \cdot 3 = 23{,}4 \text{ cm}, \qquad e' = 12 \text{ cm}$$

also ist

$$e' < 7{,}8\,\frac{b\,h^2}{N},$$

so daß gemäß 67.) der Wert C aus 66.) zu rechnen ist:

$$C = \sqrt{\frac{2\,N\,e'}{b\,h^2\,\sigma_b}} = \sqrt{\frac{2 \cdot 12}{3 \cdot 40}} = 0{,}447.$$

Hiermit wird

$$(1 - C)\,(2 + C) = 0{,}553 \cdot 2{,}447 = 1{,}35,$$

$$\frac{6\,M}{b\,h^2\,\sigma_b} = \frac{6 \cdot 3120}{180 \cdot 40} = 2{,}6.$$

Also ist

$$\frac{6\,M}{b\,h^2\,\sigma_b} > (1 - C)\,(2 + C)$$

und nach 69.) eine Druckarmierung nötig.

Wir rechnen also

$$\sigma_e = \frac{C}{1 - C} \cdot n\,\sigma_b = \frac{447}{553} \cdot 600 = 485 \text{ kg/qcm};$$

$$x = (1 - C) \cdot h = 0{,}553 \cdot 60 = 33{,}18 \text{ cm}; \quad \frac{x}{3} = 11{,}06 \text{ cm};$$

$$\sigma_e' = \frac{x - a}{x}\,n\,\sigma_b = \frac{28{,}18}{33{,}18} \cdot 600 = 510 \text{ kg/qcm}.$$

$$f = \frac{M + \frac{b\,x}{2}\,\sigma_b\left(\frac{x}{3} - a\right)}{(h - a)\,\sigma_e} - \frac{N}{\sigma_e} = \frac{3\,120\,000 + 25 \cdot 33{,}18 \cdot 40 \cdot 6{,}06}{55 \cdot 485} -$$

$$- \frac{60\,000}{485} = 124{,}5 - 123{,}6 = 0{,}9 \text{ qcm};$$

$$f' = \frac{M - \frac{b\,x}{2}\,\sigma_b\left(h - \frac{x}{3}\right)}{(h - a)\,\sigma_e'} = \frac{3\,120\,000 - 25 \cdot 33{,}18 \cdot 40 \cdot 48{,}94}{55 \cdot 510} =$$

$$= 53{,}5 \text{ qcm}.$$

Wir versuchen es nun, das gleiche Beispiel ohne Zugarmierung nach 81.) zu berechnen. Dafür wird nach 82.)

$$x = \frac{3\,a}{2} + \frac{3\sqrt{b\,\sigma_b\left(a^2\,b\,\sigma_b + \frac{8}{3}\,N\,(c - a)\right)}}{2\,b\,\sigma_b} =$$

$$= \frac{3 \cdot 5}{2} + \frac{3\sqrt{50 \cdot 40\left(25 \cdot 50 \cdot 40 + \frac{8}{3} \cdot 60\,000 \cdot 3\right)}}{2 \cdot 50 \cdot 40} = 31{,}9 \text{ cm};$$

$$f' = \frac{N - \frac{b\,x}{2}\sigma_b}{\frac{x-a}{x} \cdot n\,\sigma_b} = \frac{60\,000 - 25 \cdot 31{,}9 \cdot 40}{\frac{26{,}9}{31{,}9} \cdot 600} = 55{,}5 \text{ qcm}.$$

Dieses Beispiel beweist, daß der Übergang zwischen den zwei grundverschiedenen Anordnungen — Doppelarmierung und reine Druckarmierung — sich ganz natürlich und stetig ergibt. Die Armierung wird im letzteren Fall unmerklich größer als die Gesamtarmierung auf Grund der wirtschaftlichen Eisenzusgpannung. Zunächst hätte man vermuten können, daß in Fällen wie dem letztangeführten die einfache Druckarmierung einen kleineren Eisenquerschnitt erfordert als die Doppelarmierung. Nach unserer Entwicklung gibt aber 66.) jenen Wert für C, welchem die sparsamste Armierung entspricht; also muß man logischerweise in jenen Fällen, wo die reine Druckarmierung am günstigsten ist, aus 66.) einen negativen Zugeisenquerschnitt erhalten. Dies tritt tatsächlich ein, wenn die Druckkraft im mittleren Drittel angreift, oder wenn $e' < \frac{2\,N}{9\,b\,\sigma_b}$. Der stetige Übergang zwischen den zwei Hauptgruppen ist dadurch gesichert.

η) Wir wollen noch einen Fall konstruieren, in welchem die Zugarmierung nach genauer Rechnung wegfällt, obwohl das angenäherte Kennzeichen 78.) noch im gegenteiligen Sinne aussagt. Wir wählen hierfür

$$N = 60 \text{ t}, \quad M = 30 \text{ mt},$$

also nur wenig vom vorigen Beispiel abweichend.

$$e = 50 \text{ cm}, \; e' = 10 \text{ cm}, \; c = 10 \text{ cm}.$$

Die Betondruckspannung im nichtarmierten Querschnitt wird natürlich auch hier viel zu hoch. Da auch wieder

$$\frac{2}{3} h < e < \frac{7}{8} h,$$

so ist zu untersuchen:

$$\frac{2\,N}{9\,b\,\sigma_b} = \frac{2 \cdot 60\,000}{9 \cdot 50 \cdot 40} = 6{,}7 \text{ cm},$$

$$e' = 10 \text{ cm}.$$

Also ist $e' > \frac{2\,N}{9\,b\,\sigma_b}$ und nach 78.) eine Zugarmierung erforderlich.

Die Differenz ist zwar kleiner als im vorigen Beispiel, aber noch ganz merklich. Wenn wir nun entsprechend weiterrechnen:

$$C = \sqrt{\frac{2\,N\,e'}{b\,h^2\sigma_b}} = \sqrt{\frac{2 \cdot 60\,000 \cdot 10}{180\,000 \cdot 40}} = 0{,}408;$$

$$\sigma_e = \frac{C}{1 - C} \cdot n\,\sigma_b = \frac{0{,}408}{0{,}592} \cdot 600 = 414 \text{ kg/qcm};$$

$$x = (1 - C)\,h = 0{,}592 \cdot 60 = 35{,}52 \text{ cm}; \frac{x}{3} = 11{,}84 \text{ cm};$$

$$\sigma_e{}' = \frac{x - a}{x} \cdot n\,\sigma_b = \frac{30{,}52}{35{,}52} \cdot 600 = 516 \text{ kg/qcm}$$

so wird

$$= \frac{M + \frac{b\,x}{2}\sigma_b\left(\frac{x}{3} - a\right)}{(h - a)\,\sigma_e} - \frac{N}{\sigma_e} = \frac{3\,000\,000 + 25 \cdot 35{,}52 \cdot 40 \cdot 6{,}84}{55 \cdot 414} - \frac{60\,000}{414} = -\,2{,}3 \text{ qcm};$$

$$f' = \frac{M - \frac{b\,x}{2}\sigma_b\left(h - \frac{x}{3}\right)}{(h - a)\,\sigma_e{}'} = \frac{3\,000\,000 - 25 \cdot 35{,}52 \cdot 40 \cdot 48{,}16}{55 \cdot 516} = 45{,}5 \text{ qcm}.$$

Nachdem also die genaue Rechnung doch eine negative Zugarmierung ergibt, müssen wir diese wegfallen lassen und rechnen wie im vorigen Beispiel:

$$x = \frac{3\,a}{2} + \frac{3\sqrt{b\,\sigma_b\left(a^2\,b\,\sigma_b + \frac{8}{3}\,N\,(c - a)\right)}}{2\,b\,\sigma_b} =$$

$$= \frac{3 \cdot 5}{2} + \frac{3\sqrt{50 \cdot 40\left(25 \cdot 50 \cdot 40 + \frac{8}{3} \cdot 60\,000 \cdot 5\right)}}{2 \cdot 50 \cdot 40} = 38{,}4 \text{ cm}.$$

$$f' = \frac{N - \frac{b\,x}{2}\sigma_b}{\frac{x - a}{x}\,n\,\sigma_b} = \frac{60\,000 - 25 \cdot 38{,}4 \cdot 40}{\frac{33{,}4}{38{,}4} \cdot 600} = 41{,}4 \text{ qcm}.$$

Die Abweichung in der Querschnittsumme ist so gering, daß man sich bei der praktischen Anwendung die zweite Rechnung sparen kann

Wir beweisen noch, daß die Unstimmigkeit tatsächlich nur eine Folge davon ist, daß zwischen a und $\frac{x}{3}$ hier ein merklicher Unterschied besteht, während beide Größen in der Ableitung unserer Formeln gleichgesetzt sind.

Wenn wir a = 10 cm setzen, so bleibt die Ableitung der Spannungen und der Druckzonenbreite die gleiche und man erhält

$$\sigma_e' = \frac{x - a}{x} \cdot n\,\sigma_b = \frac{25,52}{35,52} \cdot 600 = 432 \text{ kg/qcm};$$

$$f = \frac{3000000 + 25 \cdot 35,52 \cdot 40 \cdot (11,84 - 10)}{50 \cdot 414} - \frac{60\,000}{414} = + \; 0,1 \text{ qcm};$$

$$f' = \frac{3000000 - 25 \cdot 35,52 \cdot 40 \cdot 48,16}{50 \cdot 432} = 59,9 \text{ qcm};$$

Ohne Zugarmierung hätte sich ergeben

$$x = 30\,\text{cm}, \; f' = \frac{60\,000 - 25 \cdot 30 \cdot 40}{500} = 60 \text{ qcm},$$

also genau die gleiche Querschnittsumme.

Wir sehen, daß die Ergebnisse der Formeln genau zutreffen, sobald man sich den ursprünglichen Annahmen wieder nähert. Die praktische Bedeutung der Abweichungen ist, wie das Beispiel erkennen läßt, unwesentlich, besonders wenn man daran denkt, daß die Lage der Eisenstäbe im Querschnitt bei der Ausführung nicht auf den Zentimeter genau der planmäßigen entspricht. Wenn man vielleicht noch darauf achtet, daß bei großen Querschnitten der Abstand a (Druckeisenmitte bis Betonaußenfläche) nicht zu knapp bemessen wird und nicht allzuweit unter $\frac{h}{8}$ bleibt, so kann man sich stets der Formel 78.) bedienen. Überdies stellt sich die Ungenauigkeit ihres Resultates in jener Richtung ein, daß das Schlußresultat tatsächlich gar nicht beeinflußt, sondern nur der Weg zu diesem etwas verlängert wird.

ϑ) Unser Pfeilerquerschnitt sei von N = 150 t im Abstand c = 31 cm vom einen Rand, also nahezu zentrisch beansprucht.

Ohne Armierung wäre

$$\sigma_b = \frac{6\,N}{b\,d^2}\left(\frac{2}{3}\,d - c\right) = \frac{6 \cdot 150\,000}{180\,000}\left(\frac{2}{3} \cdot 65 - 31\right) = 61,67 \text{ kg/qcm}.$$

Es ist also eine Druckarmierung nötig.

$$\frac{N}{b\,d\,\sigma_b} = \frac{150\,000}{50 \cdot 65 \cdot 40} = 1,153,$$

während

$$\frac{\frac{d}{2} - a}{c - a} = \frac{27,5}{26} = 1,057.$$

Somit ist entsprechend 86.)

$$\frac{N}{b\,d\,\sigma_b} > \frac{\frac{d}{2} - a}{c - a}$$

und wir ermitteln aus 85.)

$$f \text{ und } f' = \frac{N - b\,d\,\sigma_b}{2\,n\,\sigma_b} \mp \frac{N}{2\,n\,\sigma_b} \cdot \frac{\frac{d}{2} - c}{\frac{d}{2} - a} =$$

$$= \frac{150\,000 - 50 \cdot 65 \cdot 40}{30 \cdot 40} \mp \frac{150\,000}{30 \cdot 40} \cdot \frac{1{,}5}{27{,}5} = 16{,}67 \mp 6{,}48;$$

also

$$f = 10{,}19 \text{ und } f' = 23{,}15 \text{ qcm}.$$

Sobald die Exzentrizität um 2 cm zunimmt, verschwindet die eine der beiden Armierungen. Die doppelte Armierung mit gleichmäßig vollbeanspruchtem Beton ist also nur bei sehr geringer Exzentrizität möglich.

Wir haben bei jedem der ersten sechs Beispielen in streng regelrechter Folge die verschiedenen Kennzeichen stufenweise nacheinander angewendet, um zu zeigen, daß der Weg zur richtigen wirtschaftlichen Armierung nach unserem Verfahren eindeutig bestimmt ist. Für die praktische Anwendung wird man bei einiger Übung meist ohne weiteres erkennen, welche der verschiedenen Anordnungen am Platze ist, ob eine Zug-, eine Druckarmierung nötig ist usw. Außerdem vereinfacht sich die Anwendung der verschiedenen Ungleichungen dadurch, daß man keineswegs immer ihre beiden Seiten ziffernmäßig zu Ende rechnen muß, sondern vorher bereits erkennen kann, ob sie erfüllt sind oder nicht. Die Ausrechnung gestaltet sich also bei der Anwendung viel kürzer als in unseren Beispielen.

6. Sonderfall zu 2.) und 3.): Doppelte Armierung bei reiner Biegung.

Daß M, das Biegungsmoment der exzentrischen Druckkraft, bezogen auf die Zugarmierung, zu Null wird, ist durch seine Definition ausgeschlossen.

Hingegen besteht die Möglichkeit, daß die Normalkraft selbst zu Null wird und die Beanspruchung in reine Biegung übergeht. Man erhält dann den Fall der biegungbeanspruchten Platte von gegebener Stärke, wie er bei Plattenbrücken mit beschränkter Konstruktionshöhe und ähnlichen Objekten öfter vorkommt.

Die erschöpfende Behandlung dieser Aufgabe ergibt sich durch Spezialisieren unserer bisherigen Formeln für den Fall

$$N = 0,\ N e' = N e = M.$$

Dabei lassen sich noch verschiedene Vereinfachungen vornehmen.

Gemäß Formel 67.) ist die Ausnutzung beider Grenzspannungen in allen Fällen erforderlich, wo bei 40 und 1000 kg/qcm als zulässigen Spannungen

$$M \geqq 7{,}8\, b\, h^2.$$

Bei kleinerem Betrag des Biegungsmomentes ist die ermäßigte Eisenzugspannung angebracht gemäß 66.):

$$C = \sqrt{\frac{2\, M}{b\, h^2\, \sigma_b}}.$$

Dies gilt aber nur bis zum Wegfall der Druckarmierung, welcher nach 69.) eintritt, sobald

$$\frac{6\, M}{b\, h^2\, \sigma_b} \leqq (1 - C)\,(2 + C).$$

Da für den gegenwärtigen Spezialfall in den beiden zuletzt angeschriebenen Formeln nur noch der Wert M die äußeren Kräfte vertritt, so läßt sich die letzte Bedingung durch Einsetzen von C aus der vorigen vereinfachen. Man erhält für $\sigma_b = 40$ kg/qcm

$$\sigma_e = 875 \text{ kg/qcm} \quad \text{als niedrigste Eisenzugspannung}$$
$$\text{und} \quad M \leqq 7{,}04\, b\, h^2 \qquad 90\text{a.})$$

Als Kennzeichen für den Wegfall der Druckarmierung. Alsdann ist nach 74.)

$$M = 6{,}56\, b\, h^2$$

die Grenze, oberhalb deren die Eisenzugspannung und unterhalb deren die Betondruckspannung zu ermäßigen ist. Wir erhalten also für den Fall reiner Biegung das einfache Schema:

α) Wenn $M \geqq 7{,}8\, b\, h^2$, so ist Doppelarmierung mit Ausnutzung sämtlicher Spannungen anzuordnen. Mit den vorausgesetzten Werten $\sigma_b = 40$ kg/qcm und $\sigma_e = 1000$ kg/qcm erhält man

$$x = \frac{3}{8}\, h; \quad \sigma_e' = \frac{x - a}{x} \cdot n\, \sigma_b;$$

$$f = \frac{M + \frac{b\, x}{2}\, \sigma_b \left(\frac{x}{3} - a\right)}{(h - a)\, \sigma_e} \quad \text{und} \quad f' = \frac{M - \frac{b\, x}{2}\, \sigma_b \left(h - \frac{x}{3}\right)}{(h - a)\, \sigma_e'}.$$

β) Wenn $7{,}8\, b\, h^2 > M > 7{,}04\, b\, h^2$, so ist eine ermäßigte Eisenzugspannung angebracht. Man rechnet dann

$$C = \sqrt{\frac{2\, M}{b\, h^2\, \sigma_{b\,zul}}}, \quad \sigma_e = \frac{C}{1 - C} \cdot n\, \sigma_{b\,zul}, \quad x = (1 - C)\, h,$$

$$\sigma_e' = \frac{x - a}{x} n \sigma_{b\,zul}, \quad f = \frac{M + \frac{b\,x}{2} \sigma_{b\,zul} \left(\frac{x}{3} - a\right)}{(h - a)\,\sigma_e},$$

$$f' = \frac{M - \frac{b\,x}{2} \sigma_{b\,zul} \left(h - \frac{x}{3}\right)}{(h - a)\,\sigma_e'}.$$

γ) Wenn $7{,}04\,b\,h^2 > M > 6{,}56\,b\,h^2$, so fällt die Druckarmierung weg, und die Eisenzugspannung ist zu ermäßigen. Man rechnet

$$C = -\frac{1}{2} + \frac{3}{2}\sqrt{1 - \frac{8\,M}{3\,b\,h^2\,\sigma_{b\,zul}}}, \quad \sigma_e = \frac{C}{1 - C} \cdot n\,\sigma_{b\,zul},$$

$$f = \frac{n\,b\,h\,\sigma^2_{b\,zul}}{2\,\sigma_e\,(\sigma_e + n\,\sigma_{b\,zul})}.$$

δ) Wenn endlich $M < 6{,}56\,b\,h^2$, so ist nach Wegfall der Druckarmierung die Betondruckspannung zu ermäßigen; man rechnet C durch Probieren aus

$$\frac{(1 - C)^2\,(2 + C)}{C} = \frac{6\,M\,n}{b\,h^2\,\sigma_{e\,zul}}; \quad \sigma_b = \frac{1 - C}{C} \cdot \frac{\sigma_{e\,zul}}{n};$$

$$f = \frac{n\,b\,h^2\,\sigma_b}{2\,\sigma_{e\,zul}\,(\sigma_{e\,zul} + n\,\sigma_b)}.$$

Zwischen dieser Behandlung der doppelten Armierung und unserem früheren Kapitel A. 5. besteht keinerlei Zusammenhang. Dort war der Fall zu untersuchen, in welchem aus äußeren Gründen in die Druckzone eine der Zugarmierung gleiche Eisenmenge einzulegen ist; verlangt war die Bestimmung der wirtschaftlichen Plattenstärke. Jetzt dagegen ist die Plattenstärke gegeben, eine Druckarmierung wird nur aus statischen Gründen zur Einhaltung der zulässigen Betondruckspannung nötig; gefragt ist nach der günstigsten Verteilung der Armierung. Man hat also zwei verschiedene Aufgaben über den gleichen Gegenstand. Was die Formeln betrifft, so können nur die Gleichgewichtsbedingungen teilweise übereinstimmen; von da ab sind die Variabeln und Konstanten, demnach auch die Differentialquotienten und die daraus gezogenen Folgerungen verschiedene.

Es wäre auch nicht richtig, etwa auf Grund der Gleichung 66.) in Zweifel ziehen zu wollen, ob im früheren Fall die ständige Ausnutzung der zulässigen Eisenzugspannung berechtigt war. Wenn man nach Gleichung 66.) die Eisenzugspannung geringer nimmt als zulässig, so hat das den Zweck, die Druckzone zu erweitern und an Druckarmierung zu sparen; dies letztere ist jedoch im früheren Falle nicht gestattet.

Bei kleinerer Eisenzugspannung wird die Druckarmierung geringer, die Zugarmierung wächst, aber nicht im gleichen Grade. Eine ermäßigte Eisenzugspannung ist also dort angebracht, wo die Summe von Zug- und Druckarmierung maßgebend ist, nicht aber dort, wo aus äußeren Gründen zweimal die Zugarmierung eingelegt werden muß.

Beispiele zu C. 6.

Wir zeigen die vier möglichen Fälle an einem Querschnitt mit den Maßen

$d = 45\,\text{cm},\ h = 40\,\text{cm},\ b = 50\,\text{cm},\ a = 5\,\text{cm},\ b\,h^2 = 80\,000\,\text{cm}^3.$

α) Da $7{,}8\,b\,h^2 = 7{,}8 \cdot 80\,000 = 624\,000$ cmkg, so wählen wir, um den ersten Fall zu bekommen, M = 8 mt. Hierfür müssen also die beiden Grenzspannungen ausgenutzt werden.

Es wird

$$x = \frac{3}{8} h = \frac{3}{8} \cdot 40 = 15\,\text{cm};\ \frac{x}{3} = 5\,\text{cm} = a;$$

$$\sigma_e' = \frac{2}{3} \cdot 600 = 400\,\text{kg/qcm};$$

$$f = \frac{M}{(h - a)\,\sigma_e} = \frac{800\,000}{35 \cdot 1000} = 22{,}9\,\text{qcm},$$

$$f' = \frac{M - \frac{b\,x}{2}\,\sigma_b\left(h - \frac{x}{3}\right)}{(h - a)\,\sigma_e'} = \frac{800\,000 - 25 \cdot 15 \cdot 40 \cdot 35}{35 \cdot 400} = 19{,}6\,\text{qcm}.$$

β) Die nächste Grenze ist $7{,}03\,b\,h^2 = 7{,}03 \cdot 80\,000 = 563\,200$ cmkg. Wir wählen M = 5,7 mt und haben mit ermäßigter Eisenzugspannung zu rechnen.

$$C = \sqrt{\frac{2\,N\,e'}{b\,h^2\,\sigma_b}} = \sqrt{\frac{1\,140\,000}{80\,000 \cdot 40}} = 0{,}597;$$

$$\sigma_e = \frac{C}{1 - C} \cdot n\,\sigma_b = \frac{0{,}597}{0{,}403} \cdot 600 = 889\,\text{kg/qcm};$$

$$x = (1 - C) \cdot h = 0{,}403 \cdot 40 = 16{,}12\,\text{cm}.$$

$$\frac{x}{3} = 5{,}373\,\text{cm} = \sim a.$$

$$f = \frac{M}{(h - a)\,\sigma_e} = \frac{570\,000}{35 \cdot 889} = 18{,}32\,\text{qcm}.$$

$$f' = \frac{M - \frac{b\,x}{2}\,\sigma_b\left(h - \frac{x}{3}\right)}{(h - a)\,\sigma_e'} =$$

$$= \frac{570\,000 - 25 \cdot 16{,}12 \cdot 40 \cdot 34{,}63}{35 \cdot 400} = 0{,}79\,\text{qcm}.$$

Hätte man dagegen mit 40 und 1000 kg/qcm gerechnet, so hätte sich ergeben

$$f = \frac{570}{35} = 16{,}28 \text{ qcm}; \; f' = \frac{570\,000 - 25 \cdot 15 \cdot 40 \cdot 35}{35 \cdot 400} = 3{,}21 \text{ qcm}.$$

Die Summe der Eisenquerschnittflächen ist also im ersten Fall 19,14 qcm, im zweiten 19,49 qcm.

γ) Da $6{,}56\, b\, h^2 = 6{,}56 \cdot 80\,000 = 524\,800$ cmkg, so brauchen wir bei $M = 5{,}6$ mt keine Druckarmierung, sondern haben die Eisenzugspannung zu ermäßigen. Man erhält

$$C = -\frac{1}{2} + \frac{3}{2}\sqrt{1 - \frac{8\, M}{3\, b\, h^2\, \sigma_b}} = -\frac{1}{2} + \frac{3}{2}\sqrt{1 - \frac{8 \cdot 560\,000}{240\,000 \cdot 40}} = 0{,}596;$$

$$\sigma_e = \frac{C}{1 - C} \cdot n\, \sigma_b = \frac{0{,}596}{0{,}404} \cdot 600 = 885 \text{ kg/qcm}.$$

$$f = \frac{n\, b\, h^2\, \sigma_b}{2\, \sigma_e\, (\sigma_e + n\, \sigma_b)} = \frac{15 \cdot 80\,000 \cdot 40}{1770 \cdot 1485} = 18{,}3 \text{ qcm}.$$

Der Vergleich der letzten zwei Beispiele erweist in den Zahlenwerten sehr geringe Unterschiede. Der Grenzübergang ist also, trotzdem die Rechnungsgrundlagen und die Formeln wesentlich andere werden, sowohl für die Spannungen wie für die Armierungen ein sprungfreier.

δ) Wählen wir endlich $M = 5{,}0$ mt, so ist dies kleiner als $5{,}6\, b\, h^2$; wir brauchen eine reine Zugarmierung bei ermäßigter Betondruckspannung. Da

$$\frac{6\, M\, n}{b\, h^2\, \sigma_e} = \frac{6 \cdot 500\,000 \cdot 15}{80\,000 \cdot 1000} = 0{,}5625$$

ist, so ist die Gleichung aufzulösen:

$$\frac{(1 - C)^2\, (2 + C)}{C} = 0{,}5625.$$

Man erhält durch Probieren den Wert $C = 0{,}632$.

Also

$$\sigma_b = \frac{1 - C}{C} \cdot \frac{\sigma_e}{n} = \frac{0{,}368}{0{,}632} \cdot \frac{1000}{15} = 38{,}8 \text{ kg/qcm}^{1)}.$$

$$f = \frac{n\, b\, h^2\, \sigma_b}{2\, \sigma_e\, (\sigma_e + n\, \sigma_b)} = \frac{15 \cdot 80\,000 \cdot 38{,}8}{2000 \cdot 1582} = 14{,}7 \text{ qcm}.$$

Bei weiterem Sinken des Biegungsmoments nähert sich C der Grenze 1, σ_b und f der Grenze 0.

---

[1]) Dieser Wert kann auch aus einer Dimensionierungstabelle für veränderliche Betondruckspannung entnommen werden.

Die Grenzwerte, welche die vier verschiedenen Fälle dieser Aufgabe unterscheiden, liegen alle verhältnismäßig nahe beieinander; der oberste ist nur ca. 19 % größer als der unterste. Dies hat zur Folge, daß am häufigsten die Fälle α) und δ), Doppelarmierung mit Ausnützung beider Spannungen bzw. reine Zugarmierung bei ermäßigter Betondruckspannung, eintreten.

Die zwischenliegenden Fälle β) und γ) dienen dazu, um zugunsten der Kosten die Druckarmierung rascher verschwinden zu lassen, als dies beim Festhalten der zulässigen Spannungen eintreten würde. Bei weggefallener Normalkraft ist aber der Bereich dieser Möglichkeit sehr beschränkt, die günstigste Eisenzugspannung kann nur wenig unter 1000 kg/qcm sinken, und die Eisenersparnis kann nur einige Prozente ausmachen. Die Vorteile der ermäßigten Eisenzugspannung hinsichtlich der Ersparnis an Armierung und der vermehrten Sicherheit kommen erst bei merklicher Normalkraft zur Geltung. Außerdem kann bei dem geringen Spielraum, der für die Fälle ermäßigter Eisenzugspannung gelassen ist, eine merkliche Differenz zwischen a und $\frac{x}{3}$ die feine Unterscheidung ganz verwischen.

Rei reiner Biegung kann man also für die alltägliche praktische Verwendung ohne fühlbaren Nachteil auf die Anwendung der ermäßigten Eisenzugspannung verzichten und die vereinfachte Regel aufstellen:

für $M > 6{,}56\, b\, h^2$ rechnet man mit doppelter Armierung und Ausnutzung der zulässigen Spannungen nach α);

für $M < 6{,}56\, b\, h^2$ rechnet man mit reiner Zugarmierung und ermäßigter Betondruckspannung nach δ).

7. Symmetrische Armierung bei gegebenen Betonabmessungen.

Wenn bei wechselnder Belastung ein Querschnitt nacheinander durch zwei zu einander für die Querschnittmitte symmetrische Gruppen von Schnittkräften beansprucht wird, die annähernd gleiche Beträge erreichen, so wird man von vornherein symmetrische Armierung annehmen, also $f = f'$ setzen. Ebenso wie im Fall 3.) wird hierdurch eine Unbekannte beseitigt; man darf folglich nur noch einen der beiden Spannungswerte willkürlich festsetzen, und es ist nun zu untersuchen, auf welcher Seite die zulässige Spannung einzuhalten ist, damit die Gesamtarmierung wirtschaftlich wird oder auf der Gegenseite die zulässige Spannung nicht überschritten wird.

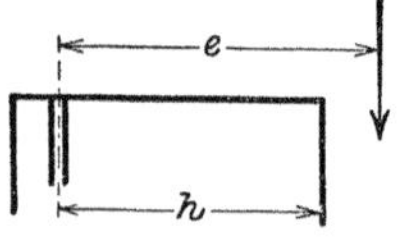

Fig. 23.

Wenn man die Ausdrücke 60.) und 61.) einander gleichsetzt und anstatt γ den Wert $C = \frac{\sigma_e}{\sigma_e + n\,\sigma_b}$ einführt sowie $M = N \cdot e$ setzt, so erhält man die Beziehung:

$$C \cdot \frac{b\,h^2\,\sigma_b}{2\,N} - \frac{5\,C - 2}{(2 + C)(1 - C)} \cdot e = \frac{2}{3} h. \qquad 91.)$$

Wenn anstatt der Betondruckspannung in der Formel die Eisenzugspannung erscheinen soll, so kann man sie mittels

$$\sigma_b = \frac{1 - C}{C} \cdot \frac{\sigma_e}{n}$$

umformen in

$$(1 - C) \cdot \frac{b\,h^2\,\sigma_e}{2\,n\,N} - \frac{5\,C - 2}{(2 + C)(1 - C)} \cdot e = \frac{2}{3} h. \qquad 92.)$$

Beide Gleichungen sind vom dritten Grade nach C und gestatten, wenn eine Randspannung gegeben ist, die Ermittelung von C und daraus die der anderen Randspannung mittels

$$\sigma_e = \frac{C}{1 - C} \cdot n\,\sigma_b \text{ bzw. } \sigma_b = \frac{1 - C}{C} \cdot \frac{n}{\sigma_e}.$$

Um nun die Grenze für die Giltigkeit der beiden Formeln zu finden, betrachten wir zunächst jenen Fall, in welchem beiderseits die zulässigen Spannungen ausgenutzt sind, setzen also

$$\sigma_b = 40 \text{ kg/qcm}, \quad \sigma_e = 1000 \text{ kg/qcm}, \quad C = \frac{5}{8}, \quad n = 15.$$

Die Gleichungen 91.) und 92.) gehen dann über in die Grenzbedingung

$$e + 0{,}583\,h = e' + \frac{5}{4} h = 10{,}94 \frac{b\,h^2}{N}.$$

Beim Eintritt des hierdurch bestimmten Wertepaares von N und e kann also der Querschnitt eine solche symmetrische Armierung erhalten, daß sowohl die zulässige Eisenzugspannung als auch — bei Berücksichtigung der in den Betondruckmittelpunkt verschoben gedachten Druckarmierung — die zulässige Betondruckspannung erreicht wird.

Spezialisieren wir die letzte Formel noch weiter für den Fall der reinen Biegung, setzen also $N\,e = M$ und $N = 0$, so wird

$$M = 10{,}94\,b\,h^2 \text{ und } h = 0{,}303 \sqrt{\frac{M}{b}},$$

was genau mit dem entsprechenden Wert der Tabelle XII übereinstimmt.

Die weiteren Überlegungen sind nun ähnlich denen in Abschnitt 3.). Im allgemeinen wird, da eine starke Druckarmierung vorhanden ist, die Betondruckspannung nicht ausgenutzt werden dürfen, wenn man das Eisen nicht überbeanspruchen will. Dies ist immer bei verhältnismäßig kleinem Biegungsmoment der Fall, also wenn

$$e + 0{,}583\,h < 10{,}94\,\frac{b\,h^2}{N}. \tag{93.)}$$

Man hat dann die zulässige Eisenspannung σ_e festzuhalten und Gleichung 92.) auszuwerten.

Wenn dagegen die Ungleichung 93.) nicht erfüllt ist, so ist die zulässige Betondruckspannung in 91.) einzusetzen und danach C und eine ermäßigte Eisenzugspannung zu berechnen.

Bei bekannten Spannungen ist dann die Armierung nach 60.) zu ermitteln. Dabei kann man sich der Beziehung bedienen:

$$\gamma = \frac{3}{C + 2}.$$

Die Gleichung 60.) kann natürlich auch bei der gegenwärtigen Aufgabe zu einer negativen Armierung führen. Die diesbezüglichen Erwägungen werden identisch mit denen zu Anfang des Abschnittes 4, da dort die Größe von C ganz allgemein gelassen ist. Es ergibt sich deshalb auch im vorliegenden Fall die Grenzbedingung

$$e' \gtrless C \cdot \frac{h}{3},$$

wobei jetzt nur für C das Resultat aus 91.) bzw. 92.) einzusetzen ist. Ein negatives Ergebnis ist demnach ausgeschlossen, solange die Druckkraft außerhalb des Querschnittes oder in der Nähe seines Randes angreift. Die anderen Fälle erledigen sich praktisch einfach dadurch, daß man ohne Rücksicht auf die Doppelarmierung wie früher [4.)] rechnet.

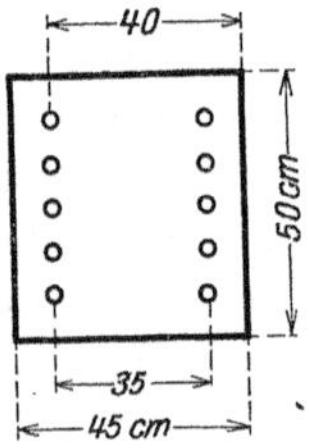

Fig. 24.

Beispiele zu C. 7.

Der frühere Querschnitt mit den Abmessungen

$b = 50$ cm, $d = 45$ cm, $h = 40$ cm und $a = 5$ cm

sei beansprucht durch eine Druckkraft $N = 10$ t.

α) Wir wollen zunächst fragen, welche Exzentrizität hierzu gehört, wenn beide Randspannungen 40 und 1000 kg/qcm ausgenutzt sein sollen.

Wir haben dann zu rechnen

$$e = 10{,}94\,\frac{b\,h^2}{N} - 0{,}583\,h = 10{,}94 \cdot \frac{80000}{10000} - 0{,}583 \cdot 40 = 64{,}2 \text{ cm}.$$

In diesem Fall müssen die beiden Gleichungen 91.) und 92.) auf den Wert $C = \frac{5}{8}$ führen.

β) In einem gegebenen Fall sei nun obiger Querschnitt von der gleichen Normalkraft in $e = 46{,}5$ cm Abstand von der Zugarmierung beansprucht. Die Exzentrizität ist also geringer als im Grenzfall, folglich ist nach 93) die Betondruckspannung zu ermäßigen und die zulässige Eisenzugspannung festzuhalten. Wir haben deshalb Gleichung 92.) anzuwenden:

$$(1 - C) \cdot \frac{b\,h^2\,\sigma_e}{2\,n\,N} - \frac{5\,C - 2}{(2 + C)\,(1 - C)} \cdot e = \frac{2}{3}\,h\,,$$

$$(1 - C) \cdot \frac{50 \cdot 40^2 \cdot 1000}{30 \cdot 10\,000} - \frac{5\,C - 2}{(2 + C)\,(1 - C)} \cdot 46{,}5 = 26{,}7\,,$$

$$267\,(1 - C) - \frac{5\,C - 2}{(2 + C)\,(1 - C)} \cdot 46{,}5 = 26{,}7.$$

Diese Gleichung wird befriedigt durch $C = 0{,}656$, also wird

$$\sigma_b = \frac{1 - C}{C} \cdot \frac{\sigma_e}{n} = \frac{0{,}344}{0{,}656} \cdot \frac{1000}{15} = 35{,}0 \text{ kg/qcm.}$$

Die erforderliche Armierung berechnet sich folgendermaßen:

$$\gamma = \frac{3}{C + 2} = \frac{3}{2{,}656} = 1{,}129$$

und nach 60.)

$$f = \frac{M}{h\,\sigma_e} \cdot \gamma - \frac{N}{\sigma_e} = \frac{10\,000 \cdot 46{,}5}{40 \cdot 1000} \cdot 1{,}129 - \frac{10\,000}{1000} = 3{,}1 \text{ qcm} = f'.$$

γ) Für eine andere Belastung werde bei gleicher Normalkraft $e = 101$ cm. In diesem Fall wird gemäß 93.) das Biegungsmoment so groß, daß die Armierung der Druckzone nicht nur für die Einhaltung der Betondruckspannung erforderlich ist, sondern überdies noch eine Erweiterung der Druckzone mittels einer Ermäßigung der Eisenzugspannung nötig wird. Wir wählen deshalb $\sigma_b = 40$ kg/qcm und rechnen nach 91.):

$$C \cdot \frac{b\,h^2\,\sigma_b}{2\,N} - \frac{5\,C - 2}{(2 + C)\,(1 - C)} \cdot e = \frac{2}{3}\,h,$$

$$C \cdot \frac{50 \cdot 40^2 \cdot 40}{2 \cdot 10\,000} - \frac{5\,C - 2}{(2 + C)\,(1 - C)} \cdot 101 = \frac{2}{3} \cdot 40,$$

$$160\,C - \frac{5\,C - 2}{(2 + C)\,(1 - C)} \cdot 101 = 26{,}67.$$

Die Lösung lautet $C = 0{,}538$,

$$\sigma_e = \frac{C}{1 - C} \cdot n\,\sigma_b = \frac{0{,}538}{0{,}462} \cdot 600 = 700 \text{ kg/qcm.}$$

Die zugehörige Armierung wird:

$$\gamma = \frac{3}{C + 2} = \frac{3}{2,538} = 1,183,$$

$$f = \frac{M}{h\,\sigma_e} \cdot \gamma - \frac{N}{\sigma_e} = \frac{10000 \cdot 101 \cdot 1,183}{40 \cdot 700} - \frac{10000}{700} = 28,4 \text{ qcm} = f'.$$

Betrachtet man zur Kontrolle diese Armierung und die äußeren Kräfte als gegeben und ermittelt hierfür die Spannungen, etwa mit Hilfe des Diagrammes im „Eisenbetonbau" von Prof. Dr. Mörsch, 4. Aufl., Seite 219, so erhält man die Betondruckspannung um einige kg/qcm geringer als 40 kg/qcm; dies hat seinen Grund darin, daß die Druckarmierung bei unseren Annahmen nicht so zur Wirkung kommt wie bei den dortigen; ihre Entfernung von der Betonaußenfläche ist nämlich dort zu 0,08 d $= 3,2$ cm, bei uns zu $\frac{x}{3} = 6,2$ cm angenommen. Die Abweichung unseres Resultates erstreckt sich also in der erwünschten Richtung der höheren Sicherheit. Die Eisenzugspannung wird nahezu gleich groß.

8. Berechnung der Zugarmierung bei gegebenen Betonabmessungen und gegebener Druckarmierung.

Bei der Konstruktion eines Querschnittes, der verschiedenen Beanspruchungen ausgesetzt ist, tritt häufig der Fall ein, daß für einen neuen Belastungszustand bereits von einer früheren Rechnung her eine Armierung als vorhanden anzusehen ist, welche als Druckarmierung wirkt. Es ist also f' gegeben und dadurch genau wie bei 7.) eine Unbekannte beseitigt.

In allen solchen Fällen, wo nur mehr ein Spannungswert willkürlich gewählt werden darf, ist die wirtschaftliche Lösung ohne weiteres dadurch gegeben, daß man jene Spannung gleich der zulässigen setzt, welche sich zuerst dieser Grenze nähert. Denn eine Konstruktion, bei der die Baustoffe an allen Stellen nur mäßig beansprucht werden, kann hinsichtlich der Kosten unmöglich günstig sein, hier ebensowenig wie bei der einfachen Platte. Es handelt sich also in erster Linie um die Erkenntnis, welche Randspannung gleich der zulässigen anzusetzen ist, ohne daß die dadurch mitbestimmten übrigen Spannungswerte unzulässig hoch werden.

Das Verfahren hierfür ist das gleiche wie bei 7.). Wir ermitteln zunächst die Grenze, bei welcher sowohl σ_b als σ_e gleich dem zulässigen Betrag werden, weil sich dort offenbar die verschiedenen Gesetzmäßigkeiten kreuzen, so daß auf beiden Seiten dieser Grenze verschiedene Regeln gelten.

Wir haben jetzt die Druckarmierung nach Gleichung 61.) als bekannt anzunehmen:

$$f' = \frac{3\,M}{2\,n\,h\,\sigma_b} \cdot \gamma - \frac{3\,b\,h}{4} \cdot \frac{\sigma_b}{\sigma_e + n\,\sigma_b}, \qquad 94.)$$

wobei M wie immer auf die Zugarmierung bezogen ist. Mit der Beziehung

$$\gamma = \frac{3}{2 + C}$$

läßt sich dies umformen zu

$$f' = \frac{3}{2\,h\,\sigma_e}\left(\frac{3\,C}{(2 + C)\,(1 - C)} \cdot M - \frac{b\,h^2\,\sigma_e}{2\,n}\,(1 - C)\right). \qquad 95.)$$

Diese Gleichung ist vom dritten Grade nach C und kann durch Probieren aufgelöst werden.

Wir setzen nun die zulässigen Spannungen 40 und 1000 kg/qcm, also $C = \frac{5}{8}$ in die letzte Formel ein und erhalten:

$$f' = \frac{M}{350\,h} - \frac{3\,b\,h}{160}$$

als Bedingung für das Einhalten beider Grenzspannungen mit Rücksicht auf die vorhandene Druckarmierung.

Um den geschlossenen Zusammenhang aller Beziehungen zu kontrollieren, bilden wir hieraus die Bedingung für den Wegfall der Druckarmierung, nehmen also $f' = 0$ an und erhalten

$$M = 6{,}56\,b\,h^2,$$

was sich mit den Darlegungen auf Seite 70 deckt.

Das Weitere ergibt sich nun ganz mühelos. Bei dem angegebenen Wert von f' kann man beide Materialspannungen ausnützen. Wird nun mit der gegebenen Druckarmierung

$$f' > \frac{M}{350\,h} - \frac{3\,b\,h}{160}, \qquad 96.)$$

so ist mehr Druckarmierung vorhanden als erforderlich. Man kann dann die Betondruckspannung nicht ausnützen; wenn man dies wollte, so würde die Eisenzugspannung zu hoch steigen, was man aus einer Betrachtung des Spannungsdiagrammes wie auf Seite 73 ersieht.

Im Fall der Ungleichung 96.) muß man also die Eisenzugspannung gleich der zulässigen wählen, sie in 95.) einsetzen und daraus C ermitteln. Alsdann ergibt

$$\sigma_b = \frac{1 - C}{C} \cdot \frac{\sigma_e}{n}$$

die erreichbare Betondruckspannung. Man kennt nun beide Randspannungen und kann aus den Gleichgewichtsbedingungen gegen Drehen um die beiden Armierungen die erforderlichen Querschnittflächen für diese berechnen (wie in C 5 δ). Für die Druckarmierung muß sich hierbei, je nachdem die Annahme des gemeinsamen Druckmittelpunktes mehr oder weniger zutrifft, ungefähr der gleiche Betrag ergeben, wie er für f′ angenommen war.

In dem anderen Fall, daß die Beziehung 96.) nicht erfüllt ist, wird im allgemeinen mehr Druckarmierung erforderlich als bereits gegeben ist. Man rechnet dann ohne den gegebenen Mindestwert für f′ zu berücksichtigen in der gewohnten Weise (nach C 5) zunächst die günstigste Eisenzugspannung und dann die erforderlichen Armierungen. Der für die Druckarmierung sich ergebende Betrag wird in der Regel größer sein als das vorhandene f′, so daß also auch auf der Druckseite noch Armierung zuzuschlagen ist.

Dabei kann jedoch eine Ausnahme eintreten. In Formel 96) ist die Druckarmierung zugrunde gelegt, welche bei Einhaltung der zulässigen Spannungen nötig ist. Nun ist, wie oben nachgewiesen, jene Druckarmierung, welche zur wirtschaftlichen Eisenzugspannung gehört, viel geringer als die ebengenannte. Wenn nun die gegebene Druckarmierung zwischen diesen beiden Werten liegt, so wird sie nach 96.) ungenügend scheinen, hernach aber doch von der wirtschaftlichen Druckarmierung nicht erreicht werden.

In diesem Falle führt man die zulässige Betondruckspannung in die Gleichung ein:

$$f' = \frac{3}{2\,n\,h\,\sigma_b}\left(\frac{3}{C+2}\cdot M - \frac{b\,h^2\,\sigma_b}{2}\,(1-C)\right), \qquad 97.)$$

löst sie direkt nach C auf und erhält durch $\sigma_e = \frac{C}{1-C}\,n\,\sigma_b$, eine ermäßigte Eisenzugspannung, welche eine Vermehrung der gegebenen Druckarmierung erspart, aber noch größer ist als die wirtschaftliche Eisenzugspannung nach 66.).

Beispiele zu C. 8.

α) Wir wählen den Querschnitt

$$b = 25\text{ cm},\ d = 40\text{ cm},\ a = 3\text{ cm},\ h = 37\text{ cm},$$

also $$b\,h^2 = 25\cdot 37^2 = 34\,225\text{ cm}^3.$$

Da $6{,}56\,b\,h^2 = 6{,}56\cdot 34\,225 = 224\,516$, so muß M (bezogen auf die Zugarmierung) größer als 2,25 mt sein, damit überhaupt eine Druckarmierung nötig wird. Wir wollen nun annehmen, es sei M = 4,0 mt gegeben. Bei Ausnutzung der Spannungen wäre dann folgende Druckarmierung erforderlich:

$$f' = \frac{M}{350\,h} - \frac{3\,b\,h}{160} = \frac{400\,000}{350 \cdot 37} - \frac{3 \cdot 25 \cdot 37}{160} =$$

$$= 30{,}9 - 17{,}3 = 13{,}6 \text{ qcm.}$$

β) Als Schnittkraft sollen nun am Querschnitt 4 t Druck in 63 cm Abstand vom einen Rand wirken, und eine Druckarmierung von 29,1 qcm sei bereits vorhanden. Da $M = N \cdot e = 4000\,(63 + 37) = 400\,000$ mt, so ist die Beziehung 96.) nach obiger Rechnung bereits erfüllt. Wir haben also 95.) aufzulösen:

$$f' = \frac{3}{2\,h\,\sigma_e}\left(\frac{3\,C}{(2 + C)\,(1 - C)} \cdot M - \frac{b\,h^2\,\sigma_e}{2\,n}\,(1 - C)\right),$$

$$29{,}1 = \frac{3}{2 \cdot 37 \cdot 1000}\left(\frac{3\,C}{(2 + C)\,(1 - C)} \cdot 400\,000 - \frac{34\,225 \cdot 1000}{30}\,(1 - C)\right),$$

$$\frac{C}{(2 + C)\,(1 - C)} - 0{,}951\,(1 - C) = 0{,}598.$$

Diese Gleichung wird durch $C = 0{,}704$ befriedigt. Damit wird

$$\sigma_b = \frac{1 - C}{C} \cdot \frac{\sigma_e}{n} = \frac{0{,}296}{0{,}704} \cdot \frac{1000}{15} = 28{,}0 \text{ kg/qcm.}$$

Ferner wird

$$x = (1 - C)\,h = 0{,}296 \cdot 37 = 10{,}94 \text{ qcm,}$$

$$\sigma_e' = \frac{x - a}{x} \cdot n\,\sigma_b = \frac{10{,}94 - 3}{10{,}94} \cdot 15 \cdot 28 = 305 \text{ kg/qcm,}$$

$$f = \frac{M + \frac{b\,x}{2}\,\sigma_b\left(\frac{x}{3} - a\right)}{(h - a)\,\sigma_e} - \frac{N}{\sigma_e} = \frac{400\,000 + \frac{25}{2} \cdot 10{,}94 \cdot 28 \cdot 0{,}65}{34 \cdot 1000} -$$

$$- \frac{4000}{1000} = 7{,}8 \text{ qcm,}$$

$$f' = \frac{M - \frac{b\,x}{2}\,\sigma_b\left(h - \frac{x}{3}\right)}{(h - a)\,\sigma_e'} = \frac{400\,000 - \frac{25}{2} \cdot 10{,}94 \cdot 28 \cdot 33{,}35}{34 \cdot 305} = 26{,}3 \text{ qcm.}$$

Die geringe Differenz zwischen der gegebenen und der für 28 und 1000 kg/qcm erforderlichen Druckarmierung ist auf die Größe der gesuchten Zugarmierung ohne Einfluß und tritt überdies stets im erwünschten Sinn auf. Man kann sich also die letzte Ausrechnung der Druckarmierung stets sparen.

Hätte man etwa mit dem erhaltenen C die beiden Armierungen mittels der Formeln 61.) und 62.) berechnet, also auch hierfür die Annahme eines gemeinsamen Druckmittelpunktes beibehalten, so hätte man natürlich für die Druckarmierung genau den Wert 29,1 qcm, für die Zugarmierung 8,0 qcm erhalten.

γ) Für denselben Querschnitt sinke bei gleicher Exzentrizität die Normalkraft auf 3000 kg. Alsdann wird bei 40 und 1000 kg/qcm eine Druckarmierung erforderlich von

$$23{,}1 - 17{,}3 = 5{,}8 \text{ qcm.}$$

Wenn nun beispielsweise zunächst bloß eine Druckarmierung von 2,5 qcm vorhanden ist, so berechnet man ohne Rücksicht auf diese Angabe die wirtschaftliche Armierung in der bekannten Weise:

$$C = \sqrt{\frac{2\,N\,e'}{b\,h^2\,\sigma_b}} = \sqrt{\frac{2 \cdot 3\,000 \cdot 75{,}3}{34\,225 \cdot 40}} = 0{,}575,$$

$$\sigma_e = \frac{C}{1 - C} \cdot n\,\sigma_b = \frac{0{,}575}{0{,}425} \cdot 600 = 812 \text{ kg/qcm},$$

$$x = (1 - C) \cdot h = 0{,}425 \cdot 37 = 15{,}7 \text{ cm}, \quad \frac{x}{3} = 5{,}2 \text{ cm},$$

$$\sigma_e' = \frac{x - a}{x} \cdot n\,\sigma_b = \frac{15{,}7 - 3}{15{,}7} \cdot 600 = 485 \text{ kg/qcm},$$

$$f = \frac{M + \frac{b\,x}{2}\sigma_b\left(\frac{x}{3} - a\right)}{(h - a)\,\sigma_e} - \frac{N}{\sigma_e} =$$

$$= \frac{300\,000 + 12{,}5 \cdot 15{,}7 \cdot 40 \cdot 2{,}2}{34 \cdot 812} - \frac{3000}{812} = 7{,}8 \text{ qcm},$$

$$f' = \frac{M - \frac{b\,x}{2}\sigma_b\left(h - \frac{x}{3}\right)}{(h - a)\,\sigma_e'} =$$

$$= \frac{300\,000 - 12{,}5 \cdot 15{,}7 \cdot 40 \cdot 31{,}8}{34 \cdot 485} = 3{,}05 \text{ qcm.}$$

Die Summe dieser beiden Armierungen ist natürlich geringer als jene Eisenmenge, welche man bekommt, wenn eine stärkere Druckarmierung vorgegeben ist. Man spart an Eisen, sobald man die Druckarmierung verringern und die Betondruckspannung ausnützen darf, wozu man die Eisenzugspannung herabsetzen muß.

In diesem Beispiel ergab sich auch bei wirtschaftlicher Bemessung die Druckarmierung schließlich noch zu 3,05 qcm, also größer als die vorhandene Druckarmierung von 2,5 qcm. Wir nehmen nun aber als weiteres Beispiel

δ) an, das bei gleichen Betonabmessungen und Schnittkräften eine Druckarmierung von 4,53 qcm vorgegeben sei. Diese ist geringer als jene, welche bei 40 und 1000 kg/qcm nötig ist; man wird also genau wie im vorigen Beispiel rechnen und schließlich sehen, daß man bei wirtschaftlicher Dimensionierung eine Druckarmierung erhält, die kleiner ist als die gegebene. In diesem Fall müssen wir wieder auf Gleichung 97.) übergehen und mittels derselben jene Eisenzugspannung suchen, welche unter Einhaltung der zulässigen Betondruckspannung die Druckarmierung bis auf das vorhandene Maß reduziert. Wir setzen also

$$f' = \frac{3}{2\,n\,h\,\sigma_b}\left(\frac{3}{C+2}\cdot M - \frac{b\,h^2\,\sigma_b}{2}(1-C)\right),$$

$$4{,}53 = \frac{3}{30\cdot 37\cdot 40}\left(\frac{3}{C+2}\cdot M - \frac{34\,225\cdot 40}{2}(1-C)\right),$$

$$C^2 + 0{,}902\,C - 0{,}882 = 0,$$

$$C = 0{,}590,\quad \sigma_e = \frac{C}{1-C}\cdot n\,\sigma_b = \frac{0{,}59}{0{,}41}\cdot 600 = 864\ \text{kg/qcm},$$

$$x = (1-C)\cdot h = 0{,}41\cdot 37 = 15{,}17\ \text{cm},\quad \frac{x}{3} = 5{,}06\ \text{cm},$$

$$\sigma_e' = \frac{x-a}{x}\cdot n\,\sigma_b = \frac{15{,}17-3}{15{,}17}\cdot 600 = 482\ \text{kg/qcm},$$

$$f = \frac{M + \frac{b\,x}{2}\sigma_b\left(\frac{x}{3}-a\right)}{(h-a)\,\sigma_e} - \frac{N}{\sigma_e} =$$

$$= \frac{300\,000 + 12{,}5\cdot 15{,}17\cdot 40\cdot 2{,}06}{34\cdot 864} - \frac{3000}{864} = 7{,}27\ \text{qcm},$$

$$f' = \frac{M - \frac{b\,x}{2}\sigma_b\left(h-\frac{x}{3}\right)}{(h-a)\,\sigma_e'} =$$

$$= \frac{300\,000 - 12{,}5\cdot 15{,}17\cdot 40\cdot 31{,}94}{34\cdot 482} = 3{,}52\ \text{qcm}.$$

Der Vergleich mit dem vorigen Beispiel ist nun interessant. Dort war das Minimum der Eisenquerschnittsumme bestimmt; bei einer geringen Abweichung von den dortigen Verhältnissen muß die Summe $(f + f')$ nahezu die gleiche bleiben und wir sehen wirklich, daß einer Zunahme der Druckarmierung um 0,5 qcm eine Abnahme der Zugarmierung um 0,5 qcm entspricht. Wir können daher schließen, daß zu der wirklich vorhandenen Druckarmierung von 4,53 qcm genau eine Zugarmierung von

$$7{,}27 + 3{,}52 - 4{,}53 = 6{,}26\ \text{qcm}$$

gehört.

Die Entwurfspraxis gibt ungemein häufig Gelegenheit zu einem ähnlichen Vorgehen, welches sich vielleicht so formulieren läßt: Wenn man bei der Berechnung exzentrisch gedrückter Querschnitte von gegebenen Betonabmessungen erkennt, daß man sich in der Nähe des Kostenminimums befindet (daß z. B. ein angenommener Wert C sich mit dem aus Gleichung 66.) zu berechnenden deckt), so darf man Teile der Armierung beliebig von der Druckseite nach der Zugseite und umgekehrt verlegen, ohne unzulässige Spannungen herbeizuführen. Die Erklärung liegt darin, daß in der Nähe des Kostenminimums

$$\frac{\partial}{\partial x}(f + f)' = \sim 0$$

sein muß.

9. Die allgemeine Aufgabe.

Was wir bisher unter C.) behandelten, waren lauter engumschriebene Einzelaufgaben, dadurch gekennzeichnet, daß nur von einer bestimmten Belastung die Rede ist, welcher die gegebenen Verhältnisse in der einen oder anderen Weise anzupassen sind. Die Probleme der konstruktiven Praxis sind dabei sozusagen auf eine Reihe von kleinsten Einheiten zurückgeführt, deren Lösung die Vorbedingung für die Behandlung der komplizierteren Fälle ist, die aber an sich nur selten in ihrer einfachen Form auftreten.

Die häufigste Aufgabe der Praxis lautet allgemein: „Ein gegebener Betonquerschnitt wird nacheinander von verschiedenen Gruppen äußerer Kräfte angegriffen. Es ist die sparsamste von jenen Armierungen zu finden, welche den Querschnitt befähigen, alle verschiedenen Beanspruchungen ohne irgendwelche Überschreitung der zulässigen Spannungen aufzunehmen".

Die auf Seite 64 geschilderte Sachlage führt geradewegs zu dieser Formulierung. Unsere bisherigen Kapitel 2.) bis 6.) erledigen jene Sonderfälle, in denen sich die Anzahl der gegebenen Belastungsfälle auf 1 beschränkt. Die Stücke 7.) und 8.) geben Hilfsmittel für die Lösung der verwickelteren Fälle.

Zunächst werden sich aus der gegebenen Reihe von Belastungsfällen einzelne als unwichtig aussondern lassen, weil sie an Exzentrizität wie an Größe der Normalkraft merklich hinter anderen zurückstehen, so daß sie offensichtlich für sich weniger Armierung erfordern würden als die anderen Fälle.

Man wird auf diese Weise meistens 2 oder 3, höchstens 4 verschiedene Belastungsfälle als „maßgebend" herausgreifen und sich auf deren Berücksichtigung beschränken können. Die übrigen Fälle erfordern vielleicht eine nachträgliche Kontrolle bezüglich der Höhe der Spannungen, aber keinesfalls eine Änderung der Armierung.

Für die Behandlung der maßgebenden Fälle steht immer der Weg offen, daß man für jeden einzeln die nötige Zug- und Druckarmierung ohne Rücksicht auf die anderen Fälle berechnet und zum Schluß für jede der beiden Armierungen den größten der vier erhaltenen Werte herausgreift.

Die sparsamste Armierung wird man dabei aber im allgemeinen nicht erhalten. Man denke nur an den Fall, daß eine Belastung eine starke Druckarmierung, eine andere jedoch mehr Zugarmierung als jene erfordere; das Vorhandensein der letzteren gestattet alsdann eine merkliche Ersparnis an Druckarmierung bei der ersten Belastung. Im Grunde genommen bedeutet das genannte Verfahren eine falsche Superposition; die Nichtbeachtung der von anderen Belastungen her vorhandenen Armierungen ist ein Fehler, der Eisenverschwendung zur Folge hat.

Die zweckmäßigste Behandlung wird je nach dem gegenseitigen Verhältnis der gegebenen Belastungen eine verschiedene sein. Wenn man bei ungefähr gleichen Normalkräften zwei ungefähr gleichgroße, aber entgegengesetzte Biegungsmomente zu berücksichtigen hat, so rechnet man nach 6.) von vornherein mit symmetrischer Armierung. Wenn im einen Fall sowohl M als N etwas ungünstiger wirken als im anderen, so braucht man bloß eine Rechnung durchzuführen; wenn der Querschnitt reichlich groß und die Biegungsmomente ausschlaggebend sind, braucht man nur den Fall des größeren Biegungsmomentes zu berechnen. Im übrigen wird man beide Rechnungen durchführen und das größere Resultat benutzen müssen; oder man kann bei mäßigen Normalkräften die kleinere derselben mit dem größeren Biegungsmoment (vgl. Seite 88) zu einem neuen Belastungsfall kombinieren, dessen Resultat sicher für die beiden gegebenen genügt.

Wenn zwei Belastungen mit entgegengesetzt gerichteten, aber ungleichen Biegungsmomenten gegeben sind, so berechne man zuerst jene für sich allein, welche die größere Zugarmierung zu erfordern scheint. Diese Zugarmierung ist dann als Druckarmierung für die andere Belastung vorhanden, so daß diese nach 8.) berechnet werden kann. Da sich hieraus nun wieder eine Zugarmierung ergibt, die für den ersteren Belastungsfall als Druckarmierung vorhanden ist, aber nicht berücksichtigt war, so könnte man das Verfahren umgekehrt wiederholen, und zwar so lange, bis sich die Armierungen nicht mehr ändern, was praktisch sehr rasch eintritt.

In den übrigen Fällen ist es zweckmäßig, für die maßgebenden Belastungen einzeln die wirtschaftlichen Armierungen zu berechnen und dann einen nachträglichen Ausgleich auf Grund des bereits Seite 112 besprochenen Satzes vorzunehmen, laut welchem zwischen den beiden

Armierungen in gewissem Grade getauscht werden kann, sofern für ($f + f'$) das mathematische Minimum verwirklicht wurde. Man muß also bei der Berechnung der einzelnen Belastungsfälle hierauf achten und sich jene, bei welchen Gleichung 66.) benutzt wurde, besonders anmerken. Ist deren Armierungssumme dann kleiner als die eines anderen maßgebenden Falles, ohne daß die Einzelposten allzu verschieden sind, so genügt die Armierung dieses anderen Falles vollständig, auch wenn bei der erstgenannten wirtschaftlichen Armierung ein Einzelposten größer war. Wenn umgekehrt einer der nach Formel 66.) dimensionierten Belastungsfälle die größte Armierungssumme gibt, so braucht man diese nur (nach Zuschlag einiger Sicherheitsprozente) so auszuteilen, daß alle vorkommenden Einzelposten möglichst, jedoch nicht unbedingt ganz, gedeckt sind. Bei sehr verschiedenen Belastungsmöglichkeiten wird man überdies mit Rücksicht auf häufigen und stoßweisen Wechsel am Schluß der Rechnung eine Aufrundung anbringen, gegenüber der eine umständlichere exakte Rechnung, etwa mit Hilfe der Gleichungen 62.) und 63.), zwecklos ist.

10. Dimensionierung des Betonquerschnittes für exzentrischen Druck.

Aus den auf Seite 65 angegebenen Gründen ist eine systematische Behandlung dieses Falles unnötig. Sobald man die Betonabmessungen ändert, werden die Schnittkräfte der statisch unbestimmten Systeme neuerdings unbekannt; bei den statisch bestimmten Konstruktionen ändern sie sich nach einem Gesetz, das für die einzelnen Fälle verschieden ist, und dessen Berücksichtigung die Aufgabe sehr verwickelt macht.

Der einzige Grundsatz, der festliegt, und den man stets zu befolgen trachtet, ist die Vermeidung der Druckarmierung. Man wählt also, soweit dies möglich ist, die statische Höhe des Querschnittes mindestens

$$h > \sqrt{\frac{M}{6{,}56\, b}},$$

wobei unter M das Biegungsmoment für den veränderten Querschnitt zu verstehen wäre. Jedoch wird man in dem Fall, daß man beiderseits eine gewisse Mindestarmierung nicht entbehren will, nur bis auf diese heruntergehen.

Ob sonstige Veränderungen des Querschnittes hinsichtlich der Gesamtkosten des Stabes von Vorteil sind, wäre durch Versuchsrechnungen zu entscheiden.

11. Die allgemeinen Formeln für die Zahlenkoeffizienten.

Wir haben im Interesse der Übersichtlichkeit in den bisherigen Entwicklungen bei verschiedenen Grenzwerten gleich jene speziellen Koeffizienten bestimmt, welche den üblichen Zahlen 40 und 1000 kg/qcm als zulässigen Spannungen entsprechen. Aus der Ableitung dieser Zahlen ist aber leicht ersichtlich, wie deren Werte für andere Spannungen zu berechnen sind. Im folgenden geben wir die allgemeinen Formeln, mittels deren die Umrechnung ohne weiteres vorzunehmen ist.

Die Ziffer 7,8 in Formel 67.) usw. hat die allgemeine Form:

$$\frac{\sigma_b}{2}\left(\frac{\sigma_e}{\sigma_e + n\,\sigma_b}\right)^2$$

und wird für 40/1000: 7,8125

und für 50/1200: 9,4740.

Der Grenzwert für C nach Formel 70.) lautet:

$$C = \frac{\sigma_e}{\sigma_e + n\,\sigma_b}$$

und wird für 40/1000: 5/8 = 0,6250,
für 50/1200: 0,6154.

Für den Koeffizienten der Formel 74.) ist der allgemeine Ausdruck:

$$\frac{n\,\sigma_b^2}{6} \cdot \frac{3\,\sigma_e + 2\,n\,\sigma_b}{(\sigma_e + n\,\sigma_b)^2},$$

was für 40/1000: 6,5625

und für 50/1200: 8,3826 ergibt.

In Formel 90 a.) endlich erscheint der Beiwert

$$\frac{\sigma_b}{2} \cdot \left(\frac{\sqrt{33} - 1}{8}\right)^2 = \sigma_b \cdot 0{,}175\,88,$$

welcher für σ_b = 40 kg/qcm 7,0354

und für σ_b = 50 kg/qcm 8,7942 wird.

Diese Grenze für den Wegfall der Druckarmierung ist deshalb nicht von σ_e abhängig, weil in diesem Falle mit einer ermäßigten Eisenzugspannung gerechnet wird, die zulässige Eisenspannung also ganz aus dem Spiel bleibt.

In den Abschnitten 7.) und 8.) sind die Gleichungen in einer Form gegeben, welche die Berechnung der Koeffizienten für beliebige Spannungswerte in einfachster Weise gestattet. Es empfiehlt sich nämlich für diesen Zweck, erst C zu ermitteln und in die allgemeinen Formeln einzusetzen, da die Formeln für die direkte Berechnung der Ziffern zu umständlich werden. Demnach genügt die Angabe, daß für zulässige Spannungen von 50 und 1200 kg/qcm Gleichung 93.) zu ersetzen ist durch

$$e + 0{,}624\,h < 14{,}37\,\frac{b\,h^2}{N}$$

und Gleichung 96.) durch

$$f' > \frac{39}{1700}\,\frac{M}{h} - \frac{b\,h}{52}.$$

Literatur zu C.

Zwar wurde bereits 1909 (Dipl.-Ing. W. Hohmann: „Beitrag zur Dimensionierung von Eisenbetonquerschnitten", Armierter Beton Oktober 1909, Seite 416) eine Dimensionierungsmethode für exzentrisch belastete Querschnitte gegeben, der sogar schon die Minimumsbedingung für die Eisenquerschnittsumme zugrunde lag; sie war indes sehr allgemein gehalten und verwies für die Anwendung auf Versuchsrechnungen, was wohl der Grund für ihre geringe Beachtung in der Praxis war. Die direkte Bestimmung der beiden Armierungen für das Rechteck scheint bis zu dem Aufsatz des Verfassers in der „Deutschen Bauzeitung" 10. Dezember 1910 („Die Dimensionierung von rechteckigen Eisenbetonquerschnitten für zusammengesetzte Festigkeit") in Deutschland im allgemeinen unbekannt gewesen zu sein. Dort war auch bereits die Gleichung 75 für wegfallende Druckarmierung gegeben, und zwar war damit für die damaligen Ansprüche dieser Fall erledigt (nicht so bei wegfallender Zugarmierung); denn solange man an der Ausnutzung der zulässigen Spannungen bei der Doppelarmierung festhält, ist auch bei wegfallender Druckarmierung eine Ermäßigung der Eisenzugspannung ausgeschlossen, und die Ermäßigung der Betondruckspannung schließt sich direkt an die abnehmende Druckarmierung. Die beiden Hauptformeln für die direkte Bestimmung von f und f', die damals als 6.) und 8.) bezeichnet wurden, erschienen bald in der maßgebenden Literatur, so im „Eisenbetonbau" von Prof. Dr.-Ing. E. Mörsch, 4. Auflage 1912, Seite 229 und im Handbuch für Eisenbetonbau, 1. Band, zweite Auflage 1912, S. 610, wo auch die Gleichung dritten Grades für den Wegfall der Druckarmierung wiedergegeben ist. Neuerdings bringen auch schlichtere Bücher, wie „Der Eisenbetonbau" von Dipl.-Ing. O. Henkel, Leipzig 1912, diese Formeln. Wuczkowski (Die Bemessung der Eisenbetonkonstruktionen Seite 31 und 32) kommt vom allgemeineren Fall des T-Querschnittes auf etwas umgeformte, aber gleichbedeutende Gleichungen.

Die Minimumsbedingung für die Eisenquerschnittsumme wurde bei der reinen Biegung, obwohl sie gerade dort am wenigsten zu bedeuten hat, seit 1907 von verschiedenen Seiten behandelt. Der erste Band des Eisenbetonhandbuches gibt eine Gleichung vierten Grades für die zugehörige Lage der Nullinie; eine Tafel von J. Melan, die 1909 dem Betonkalender beigeheftet war, läßt sich im gleichen Sinne benutzen. Für Biegung mit Axialdruck finden wir eine rechnerische Auswertung der Minimumsbedingung zum erstenmal bei Prof. C. Hager: „Biegung mit Axialdruck" im „Armierten Beton" März 1911 Seite 98. Dort wird analytisch abgeleitet, daß bei geringster Exzentrizität ein Zusammenfallen des Schwerpunktes mit dem Lastangriffspunkt anzustreben ist, sowie eine Grenze für die Giltigkeit der bezüglichen Formeln gegeben. Eine allgemeine rechnerische Auswertung der Minimumsbedingung für das doppelt armierte, exzentrisch belastete Rechteck versucht Rossin („Ableitung von Formeln zur direkten Dimensionierung der Eiseneinlagen in exzentrisch belasteten Eisenbetonquerschnitten", Armierter Beton Juni 1911) mit Hilfe der näherungsweisen Annahme, daß der Quotient x : (x—a) beim Differenzieren konstant bleibt. Er kommt dadurch auf eine Formel für die Höhe der Druckzone, welche mit unseren Bezeichnungen lautet:

$$x = h - \sqrt{h \cdot \frac{h - 3a}{4} + \frac{3}{2} \cdot \frac{M - N(h - a)}{b\,\sigma_b}}.$$

(M = Biegungsmoment bezogen auf die Zugarmierung, h = Querschnitthöhe von Betondruckkante bis Zugarmierung.)

Zwei getrennt auftretende, verschieden große, entgegengesetzt gerichtete Biegungsmomente bei der Bemessung der Eisenanlagen gleichzeitig zu berücksichtigen, hat A. Danusso (Il cemento 30. Juli 1910: „Calcolo delle sezioni di cemento armato sollecitate separatamente da due momenti flettenti di opposto segno") versucht; er nimmt näherungsweise an, daß die erforderlichen Zugarmierungen sich wie die Biegungsmomente verhalten, und berechnet nun für dieses Armierungsverhältnis die beidseitigen Einlagen so, daß beim größeren Moment Betondruck und Eisenzug, beim kleineren Moment bloß die Eisenzugspannung ausgenutzt ist. Diese Behandlung ist sicher für gewisse praktische Fälle ganz zweckmäßig.

Eine erschöpfende systematische Diskussion der verschiedenen Fälle auf einheitlicher Grundlage ist bisher nicht versucht worden, auch wurde selten auf die Feststellung der Grenzen zwischen den verschiedenen Möglichkeiten Gewicht gelegt.

Schlußwort.

Bei der Durchführung der zu Anfang dargelegten Absichten ergeben sich im allgemeinen keine besonderen Schwierigkeiten. Man hat nur durch die Wahl eines passenden Rechnungsweges und entsprechender Bezeichnungen dafür zu sorgen, daß die Formeln nicht zu kompliziert erscheinen. Die Einführung willkürlicher Annahmen, die nur näherungsweise gelten, ist bei den einfacheren Aufgaben nicht nötig; nur zur Berücksichtigung der Druckarmierung erweist sich eine Vereinfachung als unentbehrlich. Die Verschiebung der Druckarmierung in den Betondruckmittelpunkt, die sich als nicht ganz neu herausstellt, bewährt sich als vorzügliches Hilfsmittel, das sowohl an Zulässigkeit wie an Nützlichkeit befriedigt und sehr wohl geeignet erscheint, allgemein eingeführt zu werden. Die formellen Methoden bringen wenig Neues, da das Aufsuchen von Extremwerten eine der geläufigsten Aufgaben und auch das Arbeiten mit Ungleichungen nicht ungewohnt ist. Für die Diskussion der exzentrischen Belastung bietet die analytische Geometrie gelegentlich der allgemeinen Gleichung zweiten Grades ein gutes, restlos ausgearbeitetes Beispiel, das leider sehr wenig seinesgleichen hat.

Die Ergebnisse zeichnen sich in allen Fällen dadurch aus, daß sie mit der Verringerung der Kosten eine Erhöhung der Sicherheit verbinden.

Sowohl die Ermäßigung der Betondruckspannung bei der Bemessung der Plattenstärke und der Balkenhöhe als auch die Ermäßigung der Eisenzugspannung beim doppelt armierten Querschnitt von gegebener Höhe sind in diesem Sinne erwünscht. Im ersteren Falle dient die vergrößerte Masse der Konstruktion häufig zur Vermehrung der Stabilität.

Außer der Querschnittsbemessung auch die allgemeine Anordnung des Bauwerks in den Kreis der Betrachtung zu ziehen, erschien zunächst nicht zweckmäßig, da hierfür, abgesehen von der bekannten Regel, daß man die Spannweite des Endfeldes durchlaufender Träger zu 0,8 von jener der Mittelfelder nehmen soll (Gehler, Handbuch für Eisenbetonbau, II. Aufl., 6 Band, Brückenbau, Seite 198; — Kaufmann, „Beitrag zur Berechnung kontinuierlicher Balken" in Zement und Beton 9. Juni 1911), alle Beziehungen ungemein verwickelt werden (vgl. Elwitz, „Günstige Balkenabstände und Stützenstellungen bei Eisenbetonbauten", Armierter Beton Okt. 1911).

Im ganzen bestätigen unsere Untersuchungen, daß das Prinzip der Wirtschaftlichkeit vollen Anspruch darauf hat, als oberstes Grundgesetz der Dimensionierung angesehen zu werden. Hierdurch erlangt dieser für die Praxis in erster Linie maßgebende Teil der Theorie eine gewisse Selbständigkeit. Bisher größtenteils nur eine Umkehrung der Spannungsberechnung, gewinnt er jetzt seine besondere, ihm allein eigentümliche Denkweise und Forschungsmethode. Er verdankt diese Bedeutung dem Gedeihen der Verbundkonstruktionen, denn beim homogenen Körper wäre er immer nur ein Anhängsel der reinen Festigkeitslehre geblieben. Bei dieser Gelegenheit gelangt auch die Differentialrechnung, als Mittel zur Lösung von Minimumsaufgaben, zu einer wichtigen Rolle in der Theorie der Baukonstruktionen, während man bisher hauptsächlich die Integralrechnung für die Summierung stetig veränderlicher Größen brauchte.

Zur praktischen Verwendbarkeit unserer Ergebnisse dürften einige allgemeine Sätze, die sich im Laufe der Untersuchung ergeben haben, wesentlich beitragen. Daß sich der Einfluß der Volumen- und Gewichtsänderung auf die anstoßenden Konstruktionsteile in einfacher Weise berücksichtigen läßt, indem die Kosten des beanspruchten Raumes und des abzustützenden Gewichtes dem Betonvolumen proportional sind und deshalb nur zum Betonpreis addiert zu werden brauchen, gibt dem Konstrukteur Gelegenheit, allen möglichen Einflüssen und Wünschen Rechnung zu tragen. Gleichzeitig wird dadurch der Bereich der möglichen Preise stark erweitert und die Wichtigkeit des Problems erhöht. Die weitere Tatsache, daß die Kostenänderungen in der Nähe des Minimums sehr gering werden, daß es also auf genaues Treffen des mathematischen

Begriffes gar nicht ankommt, gibt der praktischen Anwendung ein eigentümliches Gepräge und läßt auch noch für andere Rücksichten Spielraum.

Man wird sich in die Vorstellung einleben müssen, daß es hauptsächlich darauf ankommt, auf einer Seite die zulässige Beanspruchung auszunutzen. Welcher Teil dabei voll beansprucht werden muß, ist stets offenkundig: bei der einfachen Platte und beim Plattenbalken das Zugeisen, bei druckarmierungsbedürftigen Querschnitten der gedrückte Beton usw. Daß die übrigen Werte nunmehr der Schätzung des Konstrukteurs überlassen werden, gibt diesem eine gewisse Freiheit; daß die Berücksichtigung der Gesamtarmierung und der Einfluß auf die zusammenhängenden Bauteile einen steten Überblick über das ganze Bauwerk erfordern, gibt ihm eine Großzügigkeit, wie sie bisher beim Projektieren von Eisenbetonbauten nicht stets zu finden war. In diesem Sinn erstreben wir eine Befreiung von dem Formelzwang, der bisher in der Praxis des Eisenbetons herrschte und der dem Ingenieur vorschrieb, den biegungsbeanspruchten Teilen ein für allemal eine Stärke von $0{,}39 \sqrt{M}$ zu geben, während er in schwierigeren Fällen, bei exzentrischer Belastung z. B., wieder allzusehr dem eigenen Gutdünken überlassen war und keine genügenden Hilfsmittel hatte. Wir müssen dem Begriff der Konstruktionsarbeit nach dieser Richtung einen neuen Inhalt geben und wieder mehr von jenem Geiste gewinnen, wie er die alten Meister der Ingenieurkunst und des Bauwesens beseelte: wo Konstruieren nicht ein zwangläufiges, auf vorgegebene Formeln eingestelltes Funktionieren, sondern ein zweckbewußtes freies Schaffen war; wo das Projekt als einheitliches, in allen Teilen zusammengestimmtes Gebilde erwuchs und nicht aus schablonierten, einander fremden Bestandteilen aufeinandergetürmt wurde.

Anhang.

Die Selbstkostenberechnung im Eisenbetonbau.

Die Selbstkostenberechnung (Vorkalkulation) befaßt sich naturgemäß mit den Massen der beiden Baustoffe Beton und Eisen, die das fertige Bauwerk enthalten soll.

Die Eigenart des Eisenbetons macht es erforderlich, außerdem noch einen vorübergehenden Bestandteil des Bauwerks von vornherein als selbständigen Faktor einzuführen, nämlich die Schalung.

Sämtliche Einzelkosten, die dem Unternehmer bei der Ausführung des Baues erwachsen, lassen sich (wenn auch mehr oder minder gezwungen) zu irgendeinem der drei genannten Ausgangspunkte in ein Verhältnis setzen.

Mathematisch betrachtet stellt sich also die Selbstkostensumme als Funktion von drei unabhängigen Veränderlichen dar:

$$K = \beta \cdot b + \varepsilon \cdot e + \sigma \cdot s,$$

wobei b, e und s Massen, β, ε und σ Einheitspreise bedeuten.

Wir denken dabei selbstverständlich an die reine, von allen Nebenarbeiten abstrahierte Eisenbetonkonstruktion. Dabei können wir uns in fast allen Fällen mit dieser Fassung begnügen. Die einzige weitere Unveränderliche, die in der Praxis vorkommt, ist die Rüstung bei gewissen Sonderarten von Hochbauten. Wir lassen sie hier außer Betracht,

1. weil sie stets, durch geringe Konstruktionsänderungen unbeeinflußt, aus unseren Berechnungen ausscheidet bzw. als schlechthin unabhängig von der Variabeln beim Differenzieren wegfällt;

2. weil man sich über die Art ihrer Berechnung (Pauschalbetrag oder nach Einheitspreis für den Kubikmeter des umbauten oder des durchrüsteten Raumes) keineswegs so einig ist, daß eine genauere Berücksichtigung des Postens von Wert sein könnte.

Es bedeutet keine wesentliche Änderung, sondern bloß eine Erweiterung der obigen Formel, wenn einer ihrer drei Bestandteile weiter zerspalten wird, so daß z. B. für verschiedene Sorten Schalung die Massen s getrennt zu ermitteln und mit verschiedenen Werten σ zu multiplizieren sind. Neben dieser üblichen Zerteilung der Schalung und der selbstverständlichen Abstufung des Betons nach Mischungsverhältnissen wird auch manchmal eine normale Armierung und eine etwas teurere Spezialarmierung (Umschnürung oder dgl.) unterschieden. Die Grundsätze des Verfahrens bleiben dadurch unberührt. Die allgemeine Formel ist dann zu schreiben

$$K = \Sigma \beta b + \Sigma \varepsilon e + \Sigma \sigma s.$$

A. Die Ermittlung der Massen.

I. Beton und Schalung.

Wenn der projektierte Bau, dessen Selbstkosten zu ermitteln sind, in einer genügend ins einzelne gehenden Darstellung vorliegen würde, so wäre es eine einfache geometrische Aufgabe, die Massen von Beton und Schalung zu ermitteln.

Man braucht aber heutzutage bereits in einem sehr frühen Stadium des Projektes eine zutreffende Kostenschätzung, und die Praxis hat unbedingt ein Verfahren nötig, welches die Ermittlung der Massen auf Grund einer möglichst eingeschränkten statischen Berechnung und einer Übersichtsskizze ermöglicht.

In jedem Fall gibt die Gliederung der statischen Berechnung einen sehr erwünschten Plan für die stückweise Durchführung der Massenberechnung. Man nimmt die einzelnen Konstruktionsteile (Decken, Träger, Säulen, Wände usw.) in einer ähnlichen Aufteilung, wie sie in der statischen Berechnung erscheinen. Auch ist der Zusammenhang zwischen Spannweite und Länge, zwischen den durchlaufenden oder durchschnittlichen Abmessungen der Teile und den Ergebnissen der Dimensionierung, womit die statische Berechnung endigt, ein unmittelbarer.

Eine Eigenart des Eisenbetons kommt hierbei sehr zu Hilfe. Einspringende Winkel sind nicht nur wegen des physikalischen Verhaltens des Betons, sondern auch aus statischen Gründen unzulässig. Wollte man z. B. bei der Verschneidung einer Platte mit einem Balken die ungebrochenen Flächen belassen, so wäre das aus folgenden Gründen nachteilig:

1. Würden die Schwindrisse beim Abbinden und Erhärten des Betons an der einspringenden Ecke besonders günstige Entstehungsbedingungen finden und dort frühzeitig auftreten;

2. ist eine Einspannung der Platte in den Balken auf jeden Fall, auch wenn sie nicht berechnet wird, vorhanden. Da die Einspannmomente größer zu sein pflegen als die Feldmomente, so wird der für Feldmitte bemessene Plattenquerschnitt an der Einspannstelle nicht genügen; eine Verstärkung ist demnach aus elementaren statischen Gründen nötig.

3. Auch wenn der Querschnitt der Platte für die Einspannstelle genügt, so macht doch der Spannungswirbel, den die plötzliche Quer-

schnittserweiterung mit sich bringt, die Stelle immer noch bedenklich. Ein wirbelfreier allmählicher Übergang ist zwar aus praktischen Gründen (Rücksicht auf Schalung und Eisenbiegen) in der Regel nicht zu erreichen; mit einer Ausschrägung der Ecke ist jedoch im Sinne einer gleichmäßigen Sicherheit aller Teile schon viel gewonnen.

Die Gepflogenheit des Ausrundens aller Verschneidungen, wozu man dadurch geführt wird, läßt sich bei der Massenberechnung in einfacher und gut angenäherter Weise dadurch berücksichtigen, daß man jeden der sich kreuzenden Konstruktionsteile als voll durchlaufend einsetzt und in diesem Sinne Beton und Schalung rechnet.

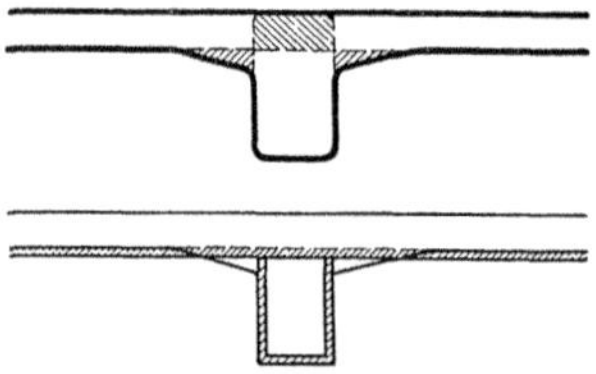

Fig. 25.

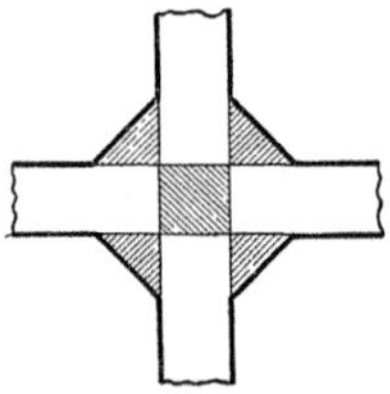

Fig. 26.

Nehmen wir als erstes Beispiel den Plattenbalken, so ist ersichtlich (vergl. Fig. 25), daß sich in normalen Fällen die Betonschnittflächen, die weggelassen und die zuviel gerechnet werden, ausgleichen. Die Schalung wollen wir bei der Platte durchgehend und beim Balken bis Unterkante Platte rechnen. Wir bekommen dann allerdings die Fläche zu groß und verletzen unseren Grundsatz, stets die wirklichen Massen im Auge zu behalten. Doch ist dies wegen der verhältnismäßig großen Kosten der Voutenschalung zweckmäßig und in diesem besonderen Falle zu gestatten. Man könnte aber auch, um eine bessere Annäherung an die wirkliche Flächensumme zu erreichen, die Unterfläche des Balkens weglassen.

Als zweiten Fall wollen wir die Verschneidung von Zellenwänden (Fig. 26) betrachten. Für eine kleine Auschrägung der Ecken stimmt der Tausch beim Beton genau; bei der Schalung erhält man wieder zuviel, was wegen der Mehrarbeit an den Kanten für die Praxis nur erwünscht ist. Bei stärkerer Ausbildung der Ecken muß man natürlich an Betonmasse eigens zugeben.

Ähnlich liegen die Verhältnisse bei den Verschneidungen von Wänden und Böden, Säulen und Trägern usw. Über die Ausbildung und Massenermittlung von Säulenköpfen, versteiften Wandrändern und dergleichen lassen sich auf ähnlicher Grundlage besondere Regeln aufstellen, die uns hier nicht weiter interessieren.

Da man auf diese Weise über den Massenaufwand für die Enden und Ränder der Konstruktionsteile im klaren ist und die Abmessungen durch die statische Berechnung oder durch konstruktive Gesichtspunkte gegeben sind, läßt sich die Massenberechnung für Beton und Schalung in einfacher Weise durchführen.

II. Das Eisen.

Wenn schon im vorhergehenden die Vertrautheit des Projektierenden mit seinem Material eine gewisse Rolle spielte, so ist das bei der Armierung in ungleich höherem Maße der Fall. Eine ausreichende Erfahrung in der Detailausbildung der Konstruktionen sowie ein starkes Vorstellungsvermögen sind hier geradezu Vorbedingung für ein richtiges Ergebnis der Massenaufstellung.

Der Zusammenhang zwischen den sich aus der statischen Berechnung ergebenden Querschnitten, den äußeren Abmessungen des Konstruktionsteils und dem tatsächlich benötigten Armierungsgewicht ist keineswegs einfacher Natur und wird von verschiedenen weiteren Gesichtspunkten beeinflußt, die teils statischer, teils konstruktiver Art sind.

Wir berechnen nur den „gefährlichen Querschnitt" und schließen von dem Eisenquerschnitt, der für diesen nötig ist, auf den Verlauf der Armierung über die ganze Spannweite. Während es nun beim Beton die Regel ist, den Querschnitt unverändert durchgehen zu lassen, ist dies beim Eisen die Ausnahme.

Zur genauen Lösung der Aufgabe gibt es keinen anderen Weg, als daß man einen vollständigen Armierungsplan mit Durchbildung aller Einzelheiten entwirft. Die Arbeit zerfällt dann von selbst in einen statisch-konstruktiven Teil und in den zweiten, rein geometrischen des Massenauszuges.

Es ist aber nicht nur für überschlägige Kostenberechnungen, sondern auch für die Möglichkeit von raschen Kostenvergleichen und für die mathematische Fassung der Wirtschaftlichkeit nötig, hierfür einen kürzeren Weg von passender Genauigkeit zu kennen. Auch hier gibt uns die statische Eigenart der Konstruktion den Schlüssel.

Wir legen im folgenden für die sieben grundlegenden Konstruktionstypen die nötigen Anhaltspunkte fest. Wir bemerken aber von vornherein, daß die Zahlen für die einzelnen Fälle durchaus keine Konstanten sind, sondern bei der praktischen Anwendung je nach den besonderen Verhältnissen (Spannweite, Belastung, Armierungsprozentsatz), nach den maßgebenden Vorschriften (besondere Vorkehrungen gegen die Schub- und Haftspannungen) und schließlich auch nach den Ansprüchen an die Sicherheit des Bauwerkes und an die Solidität des Entwurfes merklich schwanken.

a) Die zentrisch beanspruchten Konstruktionsteile.

Biegungsfreie Säulen, Zugbänder und ähnliche Teile, die von einer konstanten Achskraft beansprucht werden, erhalten folgerichtig einen konstanten Querschnitt. Auch wenn die Säulen auf Knicken beansprucht sind, was übrigens im Eisenbetonbau nicht häufig ist, wird man den hierdurch in der Mitte erforderlichen Querschnitt über die ganze Höhe durchgehen lassen. Man braucht also nur die normale Armierung zu entwerfen und ihr Gewicht mit ihrer Länge zu multiplizieren. Wer stets mit einem speziellen System der Bügelanordnung arbeitet, kann sich leicht hierfür einen prozentualen Zuschlag zur Längsarmierung aufstellen und schematisch verwenden. Was sonst noch für die Praxis in Betracht kommt, nämlich einerseits die Verankerung der Armierung in den benachbarten Teilen, anderseits die Ausbildung der Stöße und Schweißungen, soll hier nicht besprochen werden.

b) Die auf Biegung beanspruchten Konstruktionsteile.

Wir denken uns das durchschnittliche Eisengewicht, das auf den Quadratmeter Platte oder auf den laufenden Meter Balken trifft, als Produkt aus der für die Feldmitte nötigen Anzahl von Quadratzentimetern, wie sie sich au der statischen Berechnung ergibt, und aus einem Faktor, dessen Abhängigkeit von den statischen und geometrischen Verhältnissen des einzelnen Falles wir im folgenden studieren wollen.

Um dabei zu einer systematischen Ordnung zu gelangen, betrachten wir als Grundform der gebogenen Eisenbetonkonstruktion den kontinuierlichen Träger. Die frei aufgelagerten Platten und Balken sind dann als Spezialfälle der Grundform aufzufassen; Rahmen und ähnliche Binderformen lassen sich mit passender Zergliederung aus ihr ableiten.

Von diesem Gesichtspunkt ausgehend gewinnen wir die klare Formulierung, daß wir bei jedem einzelnen Trägerfeld an den Mittelquerschnitt und an die Endquerschnitte bestimmte, statisch genau definierte Anforderungen zu stellen haben, während der zwischenliegende Verlauf der Armierung durch einfache konstruktive Regeln bestimmt ist. Nun stehen auch noch die in Feldmitte und an der Stütze nötigen Eisenquerschnitte, je nach dem Einspannungsgrad, den die Kontinuität ergibt, in einem bestimmten gegenseitigen, für die einzelnen Typen feststehenden Verhältnis. Alle diese Gesetzmäßigkeiten, richtig bewertet und gegenseitig in Beziehung gesetzt, führen zu einem ganz begründeten Urteil über die im ganzen benötigte Eisenmenge, sobald man die wichtigsten Schnitte dimensioniert hat.

In der Absicht, von dem in Feldmitte nötigen Eisenquerschnitt auszugehen, liegt nun zunächst ein gewisse Willkür, da man auch die Armierung des Stützenquerschnittes als maßgebende Größe betrachten könnte. Wir begründen aber unsere Wahl durch folgende Gesichtspunkte:

1. Es ist längst durch die verschiedensten Versuche als bindende Regel festgestellt, daß man die in Feldmitte nötigen Eisen im allgemeinen nicht kürzer machen darf als die Feldweite. Daraus ergibt sich, daß dieser Teil der Armierung der durchlaufende, hauptsächlich ins Gewicht fallende ist, während die Armierung über der Stütze bloß als eine örtliche, auf kurze Länge vorhandene Verstärkung erscheint, die für die Gewichtssumme weniger ausmacht. Vielfach wird sogar auch die Armierung über der Stütze hauptsächlich durch die übergreifende Verankerung der Feldeisen bestimmt.

2. Ist die Ausbildung des Stützenquerschnittes nicht annähernd so klar geregelt wie die der Feldmitte. Die Anwendung doppelter Armierung im Stützenquerschnitt, der Wegfall der Druckplatte bei den Deckenbalken, die Armierung gegen Schub- und Haftspannungen, die Ausbildung von Vouten, die nach manchen Vorschriften, wie den schweizerischen, an der Stütze zugelassene höhere Betondruckspannung, die Spiralarmierung der Druckzone und ähnliche Möglichkeiten geben ebensoviel verschiedene Dimensionierungsarten, deren jede für sich komplizierter ist als die Dimensionierung der Feldmitte. Es würde ganz unseren Absichten auf Vereinfachung des Verfahrens widersprechen, wenn wir uns nicht bemühten, diesen beweglichen Punkt möglichst in den Hintergrund zu drängen.

3. Je nach dem Einspannungsgrad schwanken die drei Größen, die uns interessieren: das Stützenmoment, das Feldmoment und das Eisengewicht. Die letzten beiden Werte haben nun, prozentual genommen, einen ungefähr gleichen Spielraum (der größte Wert beträgt beim Feldmoment das Dreifache, beim Koeffizienten für die Eisenmenge das Zweifache des kleinsten Wertes), das Einspannmoment variiert dagegen weit stärker (von 0 bis $q\ l^2 : 8$). Letzteres könnte also praktisch als einzige Variable in dem Sinne, daß man bloß den Stützenquerschnitt konstruieren und daraus auf die Gesamtarmierung schließen würde, überhaupt nicht benutzt werden.

Wir können es auch nicht empfehlen, etwa die Einspannarmierung und die Feldarmierung als zwei unabhängige Grundlagen für die Massenschätzung einzuführen. Das erstrebte Maximum an Einfachheit bei ausreichender Genauigkeit würde dadurch sicher nicht erreicht.

Es wäre nun unserem Erachten nach verfehlt, wenn man die einzelnen Einflüsse auf die Eisenmenge in Formeln fassen und zu zu einer großen Schlußformel zusammenstellen wollte, die in jedem praktischen Fall auszuwerten wäre. Der Verstand des Projektierenden. über alle Abhängigkeiten richtig orientier , leistet automatisch mit seiner Schätzungstätigkeit den gleichen Dienst; nicht so äußerlich exakt allerdings wie die mathematische Formel, aber dafür um so feiner alles erwägend und deshalb im ganzen zutreffender.

Wir untersuchen deshalb die einzelnen Fälle, die uns interessieren, jeden für sich und analysieren die Ergebnisse mit besondererBeachtung jener Einflüsse, die praktisch stärker wechseln können. Zu diesem Ziel gibt es zwei Wege:

1. Einen induktiven: man sammelt sich eine Reihe von detaillierten Beispielen und leitet aus deren vergleichender Betrachtung die gewünschten Regeln ab;

2. einen deduktiven: man stellt Normen auf, die auf das sorgfältigste durchgebildet und besonders auf den Bereich ihrer Gültigkeit nach jeder Richtung geprüft werden.

Der reine Praktiker wird stets unwillkürlich auf die erste Art vorgehen, indem er seine ausgeführten Beispiele als Anhaltspunkte für die vorläufige Schätzung bei neuen Projekten benutzt. Die Wissenschaft kann für systematische Forschung nur das zweite Verfahren als vollwertig ansehen. Die Grundlagen des ersten Verfahrens sind gemäß ihrer Herkunft stets mit einer Reihe von zufälligen Eigenheiten behaftet, deren Einfluß man zwar durch Heranziehen einer möglichst großen Zahl von Einzelfällen zurückdrängen kann; aber dadurch gewinnen die Resultate nicht an Klarheit und allgemeiner Verständlichkeit. Der naheliegende Gedanke, Mittelwerte aus einer großen Anzahl von Einzelfällen zu bilden, erinnert bei genauerem Überlegen ein wenig an die mittelalterliche Art, das Einheitsmaß dadurch zu gewinnen, daß man die Fußlängen der hundert nächstbesten Kirchgänger aneinander reihte.

Wir wählen folgende exakte Methode: wir stellen Normaltypen auf, die als Muster gelten können, und an denen wir alles Wissenswerte klarlegen. Wenn man dann im speziellen Einzelfall die bekannten Verhältnisse mit denen des Normalfalles vergleicht, so kann man darauf schließen, in wieweit die unbekannten Eigenschaften des Einzelfalles von den analogen des Normalfalles abweichen. Damit die Schlüsse ein Maximum an Zuverlässigkeit erreichen, müssen die Differenzen zwischen den Bestimmungsstücken des Musters und des Spezialfalles möglichst klein werden; es sind deshalb die Normaltypen mit besonderer Sorgfalt derart auszuwählen, daß sie nach jeder Hinsicht (Belastung, Spannweite, Konstruktionsart, Spannungen, Kontinuität) mittlere Verhältnisse darstellen.

Da zur vergleichenden Beurteilung der Eisenmasse viele Einzelheiten der Berechnung und Konstruktion heranzuziehen sind, geben wir die ganze Entwicklung jedes Falles in der knappsten Form.

α) Die frei aufliegende Platte.

Belastung: p = 500 kg/qm,
Spannweite: l = 3,50 m,
Spannungsgrenzen: in allen Fällen entsprechend den preußischen Vorschriften: im Beton 40 kg/qcm,
im Eisen 1000 kg/qcm,
Plattenstärke: 16 cm, g = 384 kg/qm.

$$q = p + g = 500 + 384 = 884\ \text{kg/qm},$$

$$M = \frac{q\,l^2}{8} = \frac{884 \cdot 3{,}5^2}{8} = 1354\ \text{mkg},$$

$$d - a = 0{,}39\sqrt{1354} = 14{,}35\ \text{cm},\quad d = 16{,}0\ \text{cm},$$

statisch nötige Eisenquerschnittfläche

$$f_e = \frac{M}{\frac{7}{8}(d-a)\sigma_e} = \frac{135\,400}{\frac{7}{8}\cdot 14{,}4 \cdot 1000} = 10{,}74\ \text{qcm}.$$

Eingelegt werden 10 ⌀ 12 = 11,31 qcm.

Man könnte theoretisch zwar durch Anordnung von 5 ⌀ 10 + 6 ⌀ 12 eine bessere Anpassung an die erforderliche Menge erzielen, doch ist diese Teilung praktisch nicht anwendbar. Die Erhöhung des Eisenquerschnittes um 5 %, die durch die beschränkte Auswahl an Eisenprofilen bedingt ist, kann für das Muster gerade willkommen sein, da man mit einem derartigen Zuschlag immer zu rechnen hat.

Schub- und Haftspannungen brauchen bei der Platte nicht berechnet zu werden. Wir biegen wie üblich die Hälfte der unteren Eisen in der Nähe der Auflager hoch. Die Stelle der Aufbiegungen ist für das Eisengewicht gleichgültig.

Die beistehende Detaillierung gibt folgende Eisenmasse:

⌀ 12 mm:	5 Stück lang 3,92 m = 19,60 m	
	5 „ „ 4,02 m = 20,10 m	
	0,881 kg/m × 39,70 m	= 35,0 kg
⌀ 7 mm:	17 m × 0,3 kg/m	= 5,1 kg
10 % Übergreifungen der Verteilungseisen . . .		= 0,5 kg
	Summe	= 40,6 kg.

Eisengewicht pro Quadratmeter:

$$\frac{40{,}6}{1{,}0 \cdot 3{,}7} = 10{,}96\ \text{kg/qm},$$

Massenkoeffizient:

$$\frac{10,96}{10,74} = 1,02 \sim \mathbf{1,0}.$$

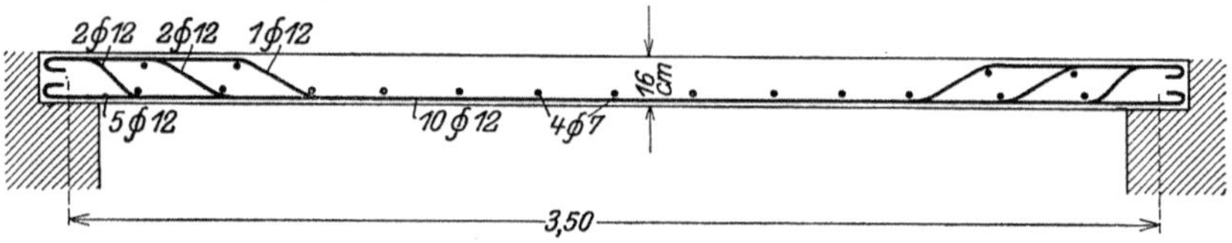

Fig. 27.

Wenn wir diese Ziffer in ihre einzelnen Komponenten zerteilen, so erhalten wir die folgenden Verhältnisse:

		kg/qm	Bestandteile des Massenkoeffizienten
1. Statisch nötig $10,74 \times 0,78$	=	8,38	0,78
2. Aufrundung $10 \cdot 0,881 - 8,38$	=	0,43	0,04
3. Endhaken $\frac{39,20 \cdot 0,881}{3,70} - 8,81$	=	0,52	0,05
4. Aufbiegungen $\frac{39,70 \cdot 0,881}{3,70} - 9,33$	=	0,13	0,01
5. Verteilungseisen einschl. Übergreifungen $\frac{40,6}{3,70} - 9,46$	=	1,50	0,14
6. Obere Armierung		—	—
		10,96 kg	1,02.

Von diesen Teilbeträgen bleibt der unter 1. gleich dem spezifischen Gewicht des Stabeisens stets derselbe. — Bei 2 haben wir hier offenbar einen Mittelwert. Dieser Prozentsatz wird bei größeren Eisenquerschnitten in Platten zurückgehen, da die Auswahl in den Durchmessern dann eine bessere wird. Bei Eisenquerschnitten unter 8 qcm wird er aber im Durchschnitt noch größer, da es dann viel Schwierigkeiten macht, mit den zur Verfügung stehenden ganzen Millimetern der Durchmesser eine einfache Teilung zu kombinieren. Dabei soll nämlich eine ganze Anzahl Stäbe auf den Meter kommen oder ihr Abstand in ganzen oder halben Zentimetern angegeben sein; außerdem dürfen verschiedene Durchmesser nur in einem glatten Verhältnis (1 : 1 oder 1 : 2) gemischt werden. — Der Anteil von 3. wird bei wachsender Spannweite kleiner, hängt dagegen nicht von der Eisenmenge, oder sonst irgend einer Größe ab. Wohl aber wird mancher Konstrukteur, der sich mehr auf die Haftspannungen zu verlassen geneigt ist, die Eisenenden einfacher ausbilden und dadurch die Ziffer wesentlich herabsetzen. — Die Aufbiegungen, bei der Platte immer unbedeutend, dürften nur bei kleiner Spannweite und sehr großer Belastung etwas mehr ausmachen. — Die Verteilungseisen sind sehr von der Willkür, der statischen Einsicht und der Sparsamkeit des Projektierenden abhängig. Bei Feldern, die sich der quadratischen Form nähern, wird man sie reichlicher bemessen müssen, ebenso bei nicht ganz stoßfreier Belastung und Einzellasten; auch die Auflagerungsweise an den zur Tragrichtung parallelen Plattenrändern ist von Einfluß. — Eine durchgehende obere Armierung wird für diesen Typ im allgemeinen nicht eingelegt. Ist sie aus irgend welchen äußeren Gründen erforderlich, so hat man sie mit 0,1 bis 0,2, je nach derStärke der unteren Armierung, bei dünnen Platten auch noch höher zu addieren.

Als erste Annäherung wird man also einen Koeffizienten 1,00 bis 1,05 benützen; für größere Genauigkeit kann man seine sechs Bestandteile, in stetem Vergleich des Spezialfalles mit obigem Muster, einzeln ansetzen und addieren.

β) Der frei aufliegende Plattenbalken.

Wir wählen für die Norm:

Belastung einschließlich Eigengewicht der Platte und des Trägers

$$p = 1{,}8 \text{ t/lfd. m},$$

Spannweite

$$l = 6{,}00 \text{ m},$$

$$M = \frac{p\,l^2}{8} = \frac{1{,}8 \cdot 6^2}{8} = 8{,}10 \text{ mt}.$$

Wir wählen den Querschnitt der Rippe 24 × 35 cm. Bei 10 cm Plattenstärke wird dann

$$f = \frac{M}{\left(h - \frac{d}{2}\right) \cdot \sigma_e} = \frac{810}{35 + 5 - 3} = \frac{810}{37} = 21{,}9 \text{ qcm};$$

wir wählen 5 Ⓓ 24 = 22,62 qcm.

Die Haftspannung am Auflager wird

$$\tau = \frac{A}{\left(h - \frac{d}{2}\right) \cdot b} = \frac{3 \cdot 1800}{37 \cdot 24} = 6{,}1 \text{ kg/qcm}.$$

Wir brauchen also Aufbiegungen mit einer Eisenquerschnittfläche

$$f_e = 1{,}75 \cdot \frac{(\tau_0 - 4{,}5)^2}{\tau_0} \cdot b\,l = 1{,}75 \cdot \frac{1{,}6^2}{4{,}5} \cdot 0{,}24 \cdot 6{,}0 = 1{,}45 \text{ qcm}.$$

Eine Eisenaufbiegung würde also reichlich genügen; wir ordnen deren zwei an und lassen die anderen drei Eisen gerade durchgehen. Den U-förmigen 7-mm-Bügeln geben wir einen Abstand von 20 cm. Bei den Maßen für die Aufbiegungen ist zu berücksichtigen, daß die oberen Eisen des Balkens unter der Stützenarmierung der Platte liegen.

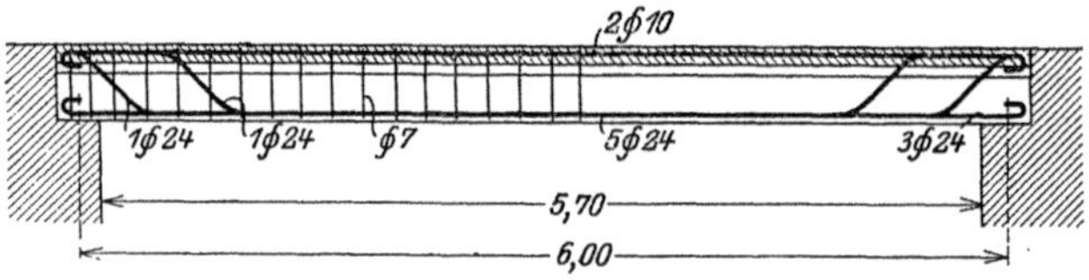

Fig. 28.

Die Eisenmenge wird:

∅ 24 mm: 3 Stück, lang 6,74 = 20,22 m
2 „ „ 7,05 = 14,10
3,525 × 34,32 = 121,0 kg

∅ 10 mm: 2 Stück, lang 6,50 m = 13,00 m zu
0,612 kg/m . . . . = 8,0 kg

32 Bügel 7 mm ∅, lang je 1,20 m = 38,4 m zu
0,30 kg/m. . . . . = 11,5 kg

Summe . . . . = 140,5 kg;

$\frac{140{,}5}{6{,}30} = 22{,}3$ kg/m = Eisengewicht pro laufenden Meter; Massenkoeffizient:

$$\frac{22{,}3}{21{,}9} = \mathbf{1{,}02}.$$

Wir zerlegen nun wieder diesen Faktor in seine Teile:

1.	Statisch nötig $21{,}9 \cdot 0{,}78$	= 17,08	0,78
2.	Aufrundung $5 \cdot 3{,}525 - 17{,}08$	= 0,55	0,025
3.	Endhaken $\frac{6{,}74 \cdot 5 \cdot 3{,}525}{6{,}30} - 17{,}63$. . . .	= 1,21	0,055
4.	Aufbiegungen $\frac{34{,}32 \cdot 3{,}525}{6{,}30} - 18{,}84$ . . .	= 0,36	0,02
5.	Obere Armierung $\frac{8{,}0}{6{,}30}$	= 1,27	0,06
6.	Bügel $\frac{11{,}5}{6{,}30}$	= 1,83	0,08
	Summe	= 22,30 kg/qm	1,02.

Die Aufrundung des Eisenquerschnittes macht hier nicht so viel aus, weil man mehr Auswahl in den Durchmessern und eine größere

Freiheit in der Kombination der Rundeisen hat. Diesen Anteil wird man stets beibehalten können. — Die Endhaken sind trotz der größeren Spannweite merklicher als bei der Platte wegen ihrer weiteren Rundung, ändern sich aber im übrigen auf die gleiche Weise wie dort. — Die Aufbiegungen hängen wesentlich von der Trägerhöhe und deren Verhältnis zur Spannweite ab. Bei kurzen hohen Trägern für schwerste Belastungen können sie bedeutend mehr ausmachen, besonders wenn man auch hierbei mehr Eisen aufbiegt, als statisch nötig wäre, oder gar die Aufbiegungen steiler stellt. — Die obere Armierung kann auch hier ganz nach Belieben gehandhabt werden und dürfte mehr von Rücksichten auf die Flechtarbeit als von statischen Gesichtspunkten abhängen. — Die Bügel, obwohl auch nur eine ungerechnete Ergänzungskonstruktion, werden ziemlich gleichmäßig behandelt; man wird sie bei stark wechselnden und bei stoßenden Belastungen sowie auch bei hohen Trägern stärker zu bemessen haben als im Beispiel.

γ) und δ) End- und Mittelfeld der durchlaufenden Platte.

Die Wahl eines Normaltyps ist hier besonders schwierig, weil das Verhältnis des Einspannmoments zum Feldmoment, dessen Wichtigkeit für die gegenwärtigen Untersuchungen wir oben schon erkannt haben, von der Anzahl der zusammenhängenden Felder und von dem gegenseitigen Verhältnis ihrer Spannweiten abhängt.

Wir wählen vier zusammenhängende Felder. Man strebt üblicherweise danach, den Zusammenhang nicht allzuweit auszudehnen; die Einbuße an Genauigkeit bei seiner Kürzung ist verschwindend, solange man über vier bleibt, die Ersparnis an Rechenarbeit dagegen bedeutend.

Daß die Dreifeldergruppe der preußischen Vorschriften einen besonders günstigen und deshalb für Annäherungsrechnungen unbrauchbaren Fall darstellt, ist längst allgemein erkannt. Dem Oszillieren des innersten Feldmoments bei Ausdehnung des Zusammenhanges um je ein Feld nach jeder Seite kann man dadurch Rechnung tragen, daß man nicht das absolute Minimum nimmt, das die Anordnung von drei Feldern liefert, sondern ein relatives Maximum aussucht, wie es zum Beispiel die Annahme von fünf (oder 9, 13 usw.) ergibt. Am einfachsten löst sich aber die Frage mit einer geraden Felderzahl, am besten vier; diese Annahme ist auch bereits vielfach in der Praxis üblich und wird sich wohl allgemein ausbreiten.

Anstatt sich diesem Gebrauch anzuschließen, wäre es theoretisch vielleicht näher gelegen, für δ) ein mittleres von unendlich vielen Feldern zu wählen. Man hätte dann in exakter Weise ein reines ,,Mittelfeld" bekommen, losgelöst von allen Störungen durch die Nachbarschaft von Endfeldern. Mit Rücksicht auf die bestehenden Vorschriften, auf die üblichen Berechnungsweisen und auf die wirklichen Verhältnisse im Bauwerk wollen wir jedoch hiervon absehen.

Eine weitere Frage betrifft die Berechnungsweise, die wir in Hinsicht auf die Kontinuität anwenden wollen. Bei Praktikern findet man vielfach eine Neigung, die beiden Schätzungen, die einerseits in der Annahme der Biegungsmomente beim durchlaufenden Träger und andererseits in der Bestimmung der Eisengewichtssumme liegen, zusammenzuwerfen und eine wissentliche Abweichung vom vermutlichen Wert beim einen Teil zuzulassen und beim anderen Teil auszugleichen. Wir können uns dem im allgemeinen nicht anschließen. Eine klare, fortbildungsfähige Auffassung der Dinge ist nur dann möglich, wenn wir jeden einzelnen Punkt so genau berechnen, als es mit Rücksicht auf den Zeitaufwand und auf den augenblicklichen Stand der Wissenschaft möglich ist, und diese selbständigen Glieder aneinander fügen.

Um alle Willkür, die in einem nur vorübergehend üblichen Annäherungsverfahren für die Biegungsmomente liegen könnte, auszuschalten, wollen wir ihre Extremwerte unter den gewohnten Annahmen konstanten Trägheitsmoments und freier Auflagerung auf den Stützen genau bestimmen. Bei wechselnder Belastung empfehlen sich hierfür die graphischen Methoden des Prof. Wilhelm Ritter.

Bei der Wahl der Spannweiten folgen wir dem Bestreben, für End- und Mittelfelder gleiche Größtmomente zu erhalten. Wenn wir dies als Forderung stellen, so hängt bei dem eben genannten Rechnungsverfahren das Verhältnis der Spannweiten von dem Verhältnis der beweglichen zur ruhenden Last ab. Die graphische Ermittlung der Momentenfläche ergibt, daß wir mit den angenommenen Spannweiten von 2,50 m für die Außenfelder und 3,00 m für die Innenfelder das Ziel erreicht haben.

Außerdem wählen wir

$$p = 500 \text{ kg/qm}, \qquad d = 10 \text{ cm}, \qquad g = 240 \text{ kg/qm}.$$

Damit werden die beiden Feldmomente je

$$M_f = 0{,}434 \text{ mt};$$

da $0{,}39\sqrt{434} = 8{,}11$ cm ist, genügt die Stärke;

$$fe = \frac{43{,}4}{\frac{7}{8} \cdot 8{,}5} = 5{,}84 \text{ qcm}.$$

Wir wählen 12 Ⓓ 8 = 6,02 qcm.

Der Punkt des Voutenansatzes ist als jene Stelle konstruiert, bei der das gegen die Stütze zu wachsende negative Moment die Größe des Feldmomentes überschreitet. Die Voutenhöhe ist gegeben durch das Biegungsmoment über der Seitenfläche des Balkens:

$$M = 0{,}54 \text{ mt}; \qquad h - a = 0{,}39\sqrt{540} = 9{,}04 \text{ cm}.$$

Es wären also nur wenig über 10 cm nötig; wir wählen aus äußeren Gründen eine Voutenhöhe von 16 cm und gewinnen dabei den Vorteil, über der Stütze nicht mehr Eisen zu brauchen als in Feldmitte. Der Beton der Voute ist dann nicht mehr mit 40 kg/qcm beansprucht, sondern wesentlich niedriger.

Auf Grund der Detaillierung wird die Massenberechnung für die Eisen folgende:

Stab	im Endfeld	im Mittelfeld
1	—	3,22
2	—	3,22
3	—	3,95
4	8,58	—
5	3,41	—
6	2,68	3,22
7	2,70	3,22
8	2,60	3,20
9	1,30	3,00
10	0,55	3,00
	Summe 21,82	26,03 laufende m Ⓓ 8 mm

zu je 2 × 0,392 kg/m = ...	17,15 kg	20,4 kg,
dividiert durch die Feldweite	2,60 m	3,00 m
gibt	6,60 kg/qm	6,80 kg/qm.
Dazu Verteilungseisen oben und unten zusammen		
6 Stück Ⓓ 5 mm pro Meter . . =	0,73 kg/qm	0,73 kg/qm,
Dazu Übergreifungen 10 % . . . =	0,07 kg/qm	0,07 kg/qm,
	7,40 kg/qm	7,60 kg/qm.
Rechnungsmäßig nötiger Eisenquerschnitt	5,84 qcm	5,84 qcm,
Massenkoeffizient	**1,27**	**1,30.**

Die Zahl 1,27 für das Endfeld zerteilt sich folgendermaßen:

1. Statisch nötig $5{,}84 \cdot 0{,}78$ . . . . =	4,56	0,78
2. Aufrundung $12 \cdot 0{,}392 - 4{,}56$ . . . . =	0,14	0,03
3. Aufbiegungen $\frac{8 \cdot 0{,}02 \cdot 0{,}392}{2{,}60}$ . . . . =	0,02	0,003
4. Endhaken und Übergreifungen $\frac{2 \cdot 17{,}37 \cdot 0{,}392}{2{,}60} - 4{,}72$ . . . . =	0,52	0,087
5. Obere Armierung $\frac{2 \cdot 4{,}45 \cdot 0{,}392}{2{,}60}$ . . . . . =	1,36	0,23
6. Verteilungseisen . . . . =	0,80	0,14
Summe	7,40 kg	1,27.

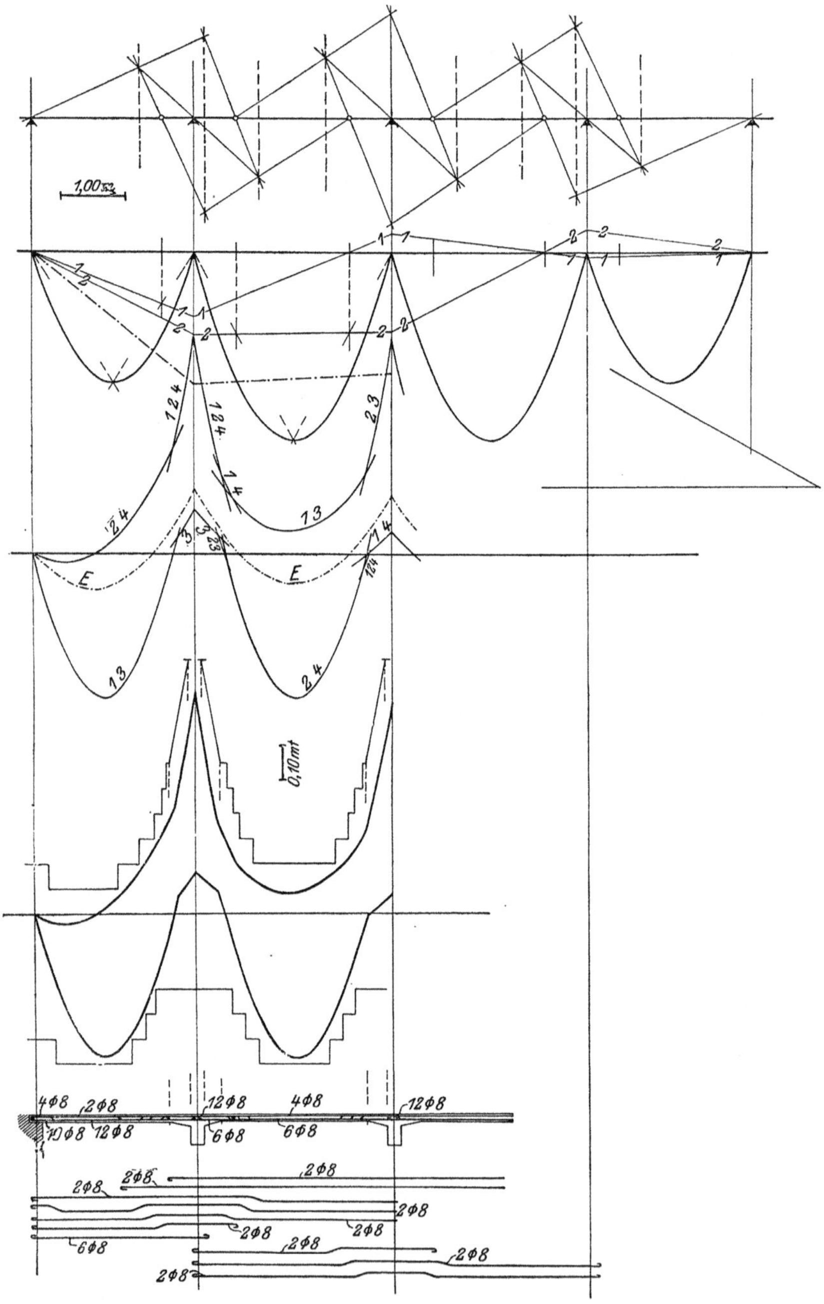
1,00
0,10mt
E
E
4Φ8
2Φ8
12Φ8
4Φ8
12Φ8
10Φ8
12Φ8
6Φ8
6Φ8
2Φ8
2Φ8
2Φ8
2Φ8
2Φ8
2Φ8
6Φ8
2Φ8
2Φ8
2Φ8

Fig. 29.

Für das Mittelfeld wird in gleicher Weise:

1. Statisch nötig $5{,}84 \cdot 0{,}78$	4,56	0,78
2. Aufrundung $12 \cdot 0{,}392 - 4{,}56$	= 0,14	0,025
3. Aufbiegungen $\frac{12 \cdot 0{,}02 \cdot 0{,}392}{3{,}00}$	= 0,03	0,005
4. Endhaken und Übergreifungen $\frac{2 \cdot 20{,}03 \cdot 0{,}392}{3{,}00} - 4{,}73$	= 0,50	0,085
5. Obere Armierung $\frac{2 \cdot 6{,}00 \cdot 0{,}392}{3{,}0}$	= 1,57	0,27
6. Verteilungseisen	= 0,80	0,135
Summe . . .	7,60 kg	1,30 .

Die Ziffer für die Aufrundung dürfte man der Vorsicht halber im allgemeinen etwas größer nehmen. — Die Zahl für die Aufbiegungen gilt nur für geringe Plattenstärken und flachen Verlauf; anderenfalls ist sie größer zu wählen. — Endhaken und Übergreifungen wird man bei annähernd einander gleichen Spannweiten immer so ansetzen dürfen, muß aber bei stark wechselnden Spannweiten hiermit besonders vorsichtig sein. — Letzteres gilt auch für die obere Armierung. Es ist bemerkenswert, daß diese schon im normalen Fall ein gutes Drittel der Feldarmierung ausmacht. Für ein Mittelfeld, an das größere Felder anstoßen, wird man sie noch wesentlich höher einschätzen müssen. — Die Verteilungseisen haben sich auch hier nach den Stößen und der Konzentration der Belastung zu richten sowie nach dem Seitenverhältnis des rechteckigen Plattengrundrisses.

ε) und ζ) End- und Mittelfeld des durchlaufenden Balkens.

Hinsichtlich der Wahl der Felderzahl, des Rechenverfahrens und des Spannweitenverhältnisses gelten auch hier die bei der Platte entwickelten Grundsätze.

Wir wählen ein symmetrisches System von vier Feldern mit

$l_1 = 5{,}00$ m, $l_2 = 6{,}00$ m;

ferner ständige Last . . . . . . $g = 1{,}2$ t/m,

veränderliche Last . . . . $p = 2{,}5$ t/m;

anschließende Plattenstärke $d = 10$ cm.

Die Grenzwertkurven für die Biegungsmomente werden in bekannter Weise erhalten. Sie liefern als Feldmomente

$$M_1 = M_2 = 8{,}7 \text{ mt}.$$

Wir geben hiernach den Plattenbalken einen Querschnitt von 24 auf 35 cm. Dazu gehört in Feldmitte ein Eisenquerschnitt von

$$f = \frac{M}{\sigma_e\left(h - a + \frac{d}{2}\right)} = \frac{870}{35 - 3 + 5} = 23{,}5 \text{ qcm.}$$

Wir wählen 5 Ⓘ 25 = 24,55 qcm.

Für die negativen Momente in der Nähe der Stützen ist der Querschnitt als doppelt armiertes Rechteck anzusehen. Um für diesen Fall eine passende Rechnungsweise zu erhalten, benutzen wir die bekannten neueren Lösungen des Problems, zum Beispiel die von P. Kaufmann (abgedruckt in Beton und Eisen 1912, Heft III, S. 72).

Die Stelle des Voutenansatzes ergibt sich dort, wo die Druckzone des rechteckigen Querschnittes für die Biegungsbeanspruchung nicht mehr genügt. Seine Armierung ist dabei wesentlich. Wir lassen 3 Ⓘ 25 unten durchlaufen, welche bei voll beanspruchtem Rechteckquerschnitt eine Druckspannung von

$$\frac{\frac{3}{8}\cdot 42 - 3}{\frac{3}{8}\cdot 42}\cdot 15\cdot 40 = 486 \text{ kg/qcm}$$

erhalten, also eine Druckkraft von

$$14{,}73 \times 0{,}486 = 7{,}16 \text{ t}$$

ergeben.

Wenn dem auf der Oberseite eine Armierung gegenübersteht, welche eine gleich große Zugkraft aufnimmt, so entspricht die Armierung allein einem Biegungsmoment von 7,16 × 0,39 . . . = 2,78 mt,

Der Rechteckquerschnitt von 24/45 cm mit bloßer Zugbewehrung gibt mit den Randspannungen 40 und 1000 kg/qcm ein Moment von . . . . = 2,78 mt,

Summe . . 5,56 mt.

Die Voute hat also dort zu beginnen, wo das negative Moment diesen Wert überschreitet. An dieser Stelle muß eine Zugarmierung vorhanden sein von

$$\frac{278}{{}^7/_8 \cdot 42} = 7{,}58$$

$$+ \ 7{,}16$$

$$14{,}74 \text{ qcm.}$$

Hierfür würden 3 ⌀ 25 = 14,73 qcm genügen; aus konstruktiven Gründen ist aber an dieser Stelle mehr Eisen vorhanden.

Zu berechnen ist noch der Querschnitt über der Säulenkante mit

$$M = 10{,}7 \text{ mt}.$$

Die Voute sei 20 cm hoch, so daß

$$d = 65 \text{ cm} \qquad \text{und} \qquad h - a = 62 \text{ cm}$$

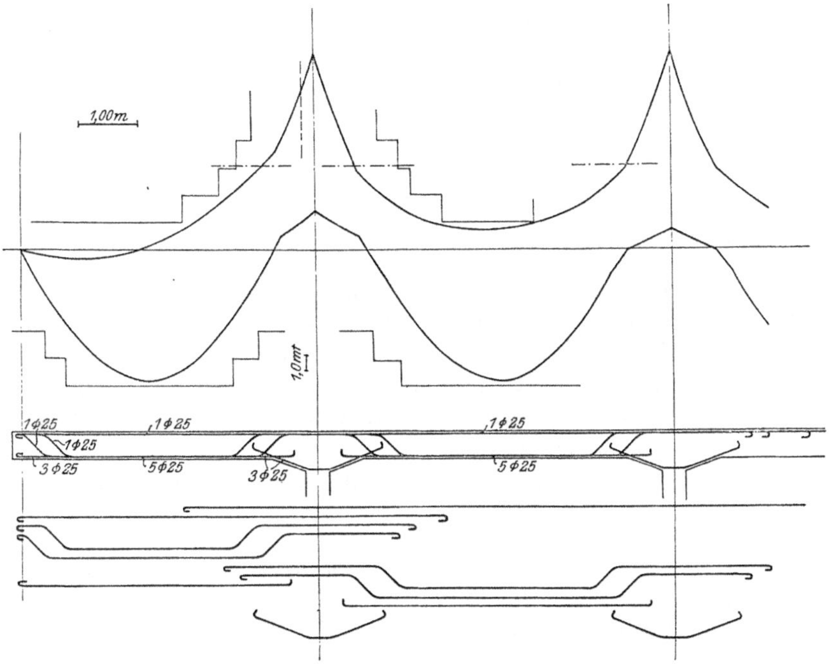

Fig. 30.

zur Verfügung steht. Der zugarmierte Querschnitt allein vermag aufzunehmen

$$0{,}24 \cdot \left(\frac{62}{0{,}39}\right)^2 = 6100 \text{ mkg}.$$

Für die Armierung allein bleiben also 10,7 — 6,1 = 4,6 mt.

Zug- und Druckkraft:

$$\frac{460}{59} = 7{,}80 \text{ t};$$

Eisendruckspannung:

$$\frac{\frac{3}{8}\cdot 62-3}{\frac{3}{8}\cdot 62}\cdot 15\cdot 40 = 522\ \text{kg/qcm};$$

Nötige Druckarmierung:

$$\frac{7{,}8}{0{,}522} = 14{,}9\ \text{qcm}.$$

3 ⌀ 25 = 14,73 qcm genügen zur Not. Die Zugarmierung wird

$$7{,}8 + \frac{610}{\frac{7}{8}\cdot 62} = 19{,}0\ \text{qcm},$$

so daß 4 ⌀ 25 genügen würden.

Bei der Konstruktion des Armierungsplanes ist es wichtig, daß mit Rücksicht auf die Feldlängen sämtliche Stäbe über den Stützen gestoßen werden müssen. Wir bekommen dort also eine reichliche Armierung sowie auch viel Auswahl für die Anordnung der Abbiegungen und Endhaken. Dies ermöglicht uns, die ersteren so zu legen, daß sie gleichzeitig als Schubarmierung gelten können.

Bei gebührender Berücksichtigung der Aufbiegungen und Endhaken werden die Eisenmassen folgende:

Stab		Endfeld		Mittelfeld
1	oben durchlaufend	2,55		6,00
2	oben durchlaufend	5,35		2,40
3	abgebogen	5,67		1,90
4	abgebogen	5,67		1,65
5	abgebogen	1,85		6,32
6	abgebogen	1,58		6,32
7	unten durchlaufend	15,15		16,20
8	Voute	3,90		7,80
	Summe	41,72	bzw.	48,59

	Endfeld	Mittelfeld
lfd. m Rundeisen von 25 mm ⌀ = 3,824 kg/m	= 160	186 kg
Dazu 32 bzw. 36 Bügel ⌀ 7 mm je 1,20 m lang	12	13
Summe	172	199 kg.

Feldlänge	5,15	6,00 m.
Armierung pro lfd. m	33,4	33,1 kg
Rechnungsmäßig nötiger Eisenquerschnitt	23,5	23,5 qcm
Massenkoeffizient	**1,42**	**1,41.**

Untersuchen wir zunächst, wie sich die Zahl 1,42 für das Endfeld zerlegt.

1. Statisch nötig $23{,}5 \times 0{,}78$	= 18,33	0,78
2. Aufrundung $5 \cdot 3{,}824 - 18{,}33$	= 0,79	0,03
3. Aufbiegungen $\frac{4 \cdot 0{,}16 \cdot 3{,}824}{5{,}15}$	= 0,48	0,02
4. Endhaken und Übergreifungen einschließlich Voutenarmierung $\frac{33{,}82 \cdot 3{,}824}{5{,}15} - 19{,}60$	= 5,54	0,24
5. Obere Armierung $\frac{7{,}9 \cdot 3{,}824}{5{,}15}$	= 5,87	0,25
6. Bügel $\frac{12}{5{,}15}$	= 2,33	0,10
Summe	33,34	1,42.

Die gleichen Beziehungen stellen wir für das Mittelfeld auf:

1. Statisch nötig $23{,}5 \cdot 0{,}78$	= 18,33	0,78
2. Aufrundung $5 \cdot 3{,}824 - 18{,}33$	= 0,79	0,03
3. Aufbiegungen $\frac{4 \cdot 0{,}16 \cdot 3{,}824}{6{,}00}$	= 0,41	0,02
4. Endhaken und Übergreifungen einschließlich Voutenarmierung $\frac{40{,}19 \cdot 3{,}824}{6{,}00} - 19{,}53$	= 6,02	0,26
5. Obere Armierung $\frac{8{,}4 \cdot 3{,}824}{6{,}00}$	= 5,35	0,23
6. Bügel $\frac{13}{6{,}00}$	= 2,17	0,09
Summe	33,07	1,41.

Hinsichtlich der Aufrundung, der Abbiegungen und der Bügel gelten die bekannten Regeln der früheren Fälle. — Die Ziffer für Endhaken und Übergreifungen wird man mit dem gerechneten Betrage festhalten müssen; die Notwendigkeit einer starken Armierung des Stützenquerschnitts sowie die Rücksicht auf die Schubspannungen gestatten keine wesentliche Herabsetzung derselben. — Die obere Armierung ist im Mittelfeld etwas knapp genommen; im Endfeld dagegen könnte noch ein weniges gespart werden.

Für eine fruchtbringende Verwertung müssen wir unsere Analysen auch miteinander vergleichen können. Wir stellen zusammen:

	Frei aufliegende Platte	Frei aufliegender Plattenbalken	Durchlaufende Platte		Durchlaufender Balken	
			Endfeld	Mittelfeld	Endfeld	Mittelfeld
1. Statisch nötig	0,78	0,78	0,78	0,78	0,78	0,78
2. Aufrundung	0,04	0,025	0,03	0,025	0,03	0,03
3. Aufbiegungen	0,01	0,02	0,003	0,005	0,02	0,02
4. Endhaken und Übergreifungen	0,05	0,055	0,087	0,085	0,24	0,26
5. Obere Armierung	—	0,06	0,23	0,27	0,25	0,23
6. a) Verteilungseisen	0,14	—	0,14	0,135	—	—
b) Bügel	—	0,08	—	—	0,10	0,09
Summe	1,02	1,02	1,27	1,30	1,42	1,41

Diese Zahlen sind alle aus konkreten Beispielen abgeleitet. Die Beispiele können laut Naturgesetz, auch wenn sie mit der erdenklichsten Vorsicht gewählt werden, keinen reinen Typus darstellen, und was wir daraus entnehmen, muß notwendigerweise noch mit Zufälligkeiten behaftet sein. Um also auf allgemein giltige, den Konstruktionsbegriffen gleichwertige Ziffern zu kommen, müssen wir noch einige Korrekturen in dem Sinne vornehmen, daß wir alle Besonderheiten unserer Beispiele eliminieren. Wir schreiben daher:

	Frei aufliegende Platte	Frei aufliegender Plattenbalken	Durchlaufende Platte		Durchlaufender Balken	
			Endfeld	Mittelfeld	Endfeld	Mittelfeld
1. Statisch nötg	0,78	0,78	0,78	0,78	0,78	0,78
2. Aufrundung	0,04	0,03	0,04	0,04	0,03	0,03
3. Aufbiegungen	0,01	0,02	0,01	0,01	0,02	0,02
4. Endhaken und Übergreifungen	0,05	0,06	0,09	0,09	0,24	0,25
5. Obere Armierung	—	0,06	0,23	0,27	0,24	0,24
6. a) Verteilungseisen	0,14	—	0,14	0,14	—	—[1])
b) Bügel	—	0,10	—	—	0,10	0,10[2])
Summe	1,02	1,05	1,29	1,33	1,41	1,42
Aufgerundet	1,05		1,35		1,45	
	0,14		0,14			
Ohne Verteilungseisen	0,9		1,2			

Die Änderungen sind so geringfügig, daß die Zahlen noch durchaus unseren „Normaltypen" entsprechen; einer Anwendung derselben unter

[1]) = 18 % v. 0,78.
[2]) = 13 % v. 0,78.

veränderten Umständen hat also ein Vergleich der Konstruktion mit dem Normaltyp voranzugehen.

Als erste Annäherung empfehlen wir zur Verwendung in Fällen von halbwegs gewöhnlicher Art die Ziffern der letzten Zeile. In wichtigeren oder ungewöhnlichen Fällen wird man sich die sechs Summanden einzeln aufstellen.

Unter den neuen Beziehungen, die aus den letzten Zusammenstellungen klar werden, sind die unter 4. und 5. besonders interessant und für die Schlüsse auf andere Konstruktionen wichtig. Der Aufwand für Übergreifungen und Verankerungen beträgt

bei freier Auflagerung	0,05	des in Feldmitte nötigen Querschnittes.
bei der kontinuierlichen Platte	0,10	
beim kontinuierlichen Balken, der bloß in Feldmitte als Plattenbalken wirkt	0,25	

Die obere Armierung macht bei den durchlaufenden Konstruktionen etwa ein Drittel der unteren aus, sofern die Spannweiten nicht zu sehr verschieden sind.

Beide Sätze, die wir als Angelpunkte der Eisenmengenbestimmung ansehen, erklären sich ohne weiteres aus dem Wesen der Sache und aus den Beispielen.

B. Die Ermittelung der Einheitspreise.

Es handelt sich darum, die Selbstkosten der Masseneinheit von Beton, Eisen und Schalung im fertigen Bauwerk zu ermitteln.

Die drei Gruppen haben das gemeinsam, daß sie eine Reihe von Ausgaben erfordern, die sich aus der Natur der Sache heraus zunächst nicht auf die Masseneinheit beziehen, sondern als runder Betrag zu den Kosten für die Gesamtmasse zu addieren sind, z. B.: Beschaffung bzw. Vorhalten der nötigen Maschinen und Werkzeuge, Einrichtung der Baustellen, Aufstellen der Hilfsgerüste, allgemeine Verwaltung des Baubetriebes usw.

Einzelnes hiervon gehört deutlich zu einer bestimmten der drei Gruppen, z. B. das Herstellen von Transportgerüsten für den Beton, das Einrichten des Eisenlagers, die Beschaffung des Arbeitsplatzes für die Zimmerleute; andere Ausgaben, wie die für Baracken zur Unterbringung der Arbeiter, verteilen sich gleichmäßig auf den Gesamtbetrag der Löhne.

Um ein Urteil über die Größe solcher Posten im einzelnen Fall und ein Mittel zu ihrer systematischen Schätzung zu gewinnen, drücken wir sie in Prozenten der zugehörigen Kostengruppe aus. Da wir den Prozentsatz dann für die Ermittelung der Einheitskosten beibehalten, ergibt sich die Austeilung auf die Masseneinheit ganz von selbst. Eine Statistik der Baustellenergebnisse liefert auch für diese verschiedenen Prozentsätze Erfahrungszahlen. Falls man in einem besonderen Falle einen Einzelposten durch detaillierte Kalkulation ermittelt, wird man deren Schlußergebnis wieder in Prozentform umrechnen.

Von diesen ,,Zuschlägen" werden diejenigen, die sich nicht auf einen bestimmten Teil der Arbeit beziehen, nämlich

der ganze kaufmännische Teil des Geschäftes,
die Akquisition,
das technische Bureau zur Ausarbeitung von Offerten,
die Kosten für Lager, Maschinenpark und dessen Reparaturen,
ein Teil des Baubetriebes usw.

als ,,allgemeine Unkosten" bezeichnet und als letztes Glied der Selbstkosten am Schlusse der Gesamtsumme angefügt. Für den Kostenvergleich verwandter Konstruktionen bleibt dieser allgemeine Zuschlag konstant und hat auf die Bestimmung des Kostenminimums keinen Einfluß. Wir können uns also damit begnügen, ihn mit erster Annäherung zu 10 % anzunehmen.

Die übrigen Beträge werden bei den einzelnen Materialien zusammen mit den Löhnen, die für die Verarbeitung aufzuwenden sind, zu einem Posten zusammengefaßt, den man in der Praxis meist einfach ,,Löhne" betitelt, für den wir aber wegen seines hohen Gehalts an Ausgaben für Maschinen und Werkzeuge, Transporteinrichtungen, Lager und Arbeitsvorrichtungen lieber die Bezeichnung ,,Betriebskosten" vorschlagen, Denn die Summe dieser Posten ergibt die Ausgaben für den Baubetrieb, welche zusammen mit den Materialkosten und den allgemeinen Unkosten die Selbstkosten bilden. Die Betriebskosten für die einzelnen Materialien werden wir noch näher untersuchen.

1. Der Beton.

a) Die Materialkosten.

Die Rohstoffe sind Zement und Kiessand (bzw. Schotter). Den Preis für letzteren frei Baustelle nehmen wir als bekannt an, sei es, daß er bereits in dieser Form angeboten wird oder aus Kies und Sand gleicher oder verschiedener Herkunft zusammenzusetzen ist.

Der Preis beider Rohstoffe schwankt stark von Ort zu Ort, je nach Herkunft und Transportverhältnissen, und erheischt für jeden einzelnen Fall eine sorgfältige Erkundung.

Überdies schwankt auch noch die Menge der Rohstoffe, die für einen Kubikmeter Beton, im fertigen Bauwerk gemessen, notwendig sind. In dieser Hinsicht wird die Sache am klarsten, wenn man an dem ,,Einstampfungsgrad", der experimentell leicht zu bestimmen ist, festhält.

Man spricht von p % Einstampfung, wenn $\frac{100 + p}{100}$ cbm lose Masse 1 cbm gestampfte Masse ergeben. Die Bauleitung kann den Einstampfungsgrad leicht durch kontrollierendes Nachrechnen an einem größeren Bauabschnitt feststellen; eine passende Statistik mit genauer Angabe der Art- und Herkunft der Materialien gibt dann genügend Anhalt für die Abschätzung künftiger Fälle.

Wesentlich klarer als über den Einstampfungsgrad, der vielfach falsch beurteilt wird, ist man sich über das Mischungsverhältnis, da dieses ebenso für die Kosten wie für die Festigkeit des Betons von einschneidender Bedeutung ist und deshalb den Beton als „Ware" in erster Linie charakterisiert. Für normale Eisenbetonarbeiten ist 1 : 4½ oder 5 üblich.

Trifft 1 Raumteil Zement auf n Raumteile Kiessand, so braucht man für 1 cbm gestampften Beton

$$\frac{1400 \cdot \frac{100 + p}{100}}{n} \text{ kg Zement.}$$

Nach dieser Formel lassen sich ohne weiteres für verschiedene Mischungsverhältnisse und Einstampfungsgrade die Zementzahlen berechnen und in Tabellenform zusammenstellen. Beispielsweise braucht man für einen gestampften Kubikmeter Beton 1 : 5 bei 25 % Einstampfung 1,25 cbm Kies und

$$\frac{1400 \cdot 1{,}25}{5} = 350 \text{ kg Zement.}$$

Man pflegt dabei anzunehmen, daß der Zement in den Hohlräumen des Kiessandes verschwindet, oder genauer gesagt: Man bestimmt den Einstampfungsgrad so, daß obige Rechnung zutrifft. Erst bei sehr fetten Mischungen, wie sie für Beton nicht in Betracht kommen, würde sich der Zement im Volumen so weit bemerkbar machen, daß der „scheinbare", d. h. unter der eben genannten Voraussetzung bestimmte Einstampfungsgrad mit dem Mischungsverhältnis wechseln würde.

Im Gegensatz hierzu war es früher allgemein üblich, die Betonkalkulation folgendermaßen anzusetzen:

1 cbm = 1400 kg Zement kosten	....
n cbm Kiessand kosten	....
Gemischt: n cbm Beton kosten	....
Gestampft: $\frac{100}{100 + p} \cdot$ n cbm Beton kosten . .	....
1 cbm Beton kostet	.... M.

Heißen wir ζ den Preis von 1 kg Zement, K den Preis von einem losen Kubikmeter Kiessand, so geben die beiden Seiten nachstehender Gleichung die Ergebnisse beider Rechnungsmethoden:

$$\frac{100+p}{100}\cdot K + \frac{1400\cdot\frac{100+p}{100}}{n}\cdot\zeta = (1400\,\zeta + n\cdot K)\cdot\frac{1}{n}\cdot\frac{100+p}{100};$$

Man sieht sofort, daß die Gleichung identisch erfüllt ist. Die alte und die neue Rechnungsweise führen zum gleichen Resultat; letztere bietet außer ihrer Klarheit noch den Vorteil, daß sie die nötigen Materialmengen und die zugehörigen Kostenanteile unmittelbar erscheinen läßt.

Die Preise für Zement und Kies setzen sich aus folgenden Summanden zusammen:

1. Preis franko Eisenbahnwaggon am Werk bzw. Bagger;
2. Eisenbahn- (ev. Wasser-) Fracht nebst Stempelgebühr;
3. Anschluß- bzw. Überführungsgebühr, Standgeld usw.;
4. Ausladen und Transport zum Lager;
5. Streuverlust.

Vom Zementpreis, wie er meist angegeben wird, ist dann noch die Vergütung für zurückgesandte Säcke abzuziehen. Dagegen gehören die Kosten für das Lagern, Verluste durch Lagerbeschädigung u. dgl. zum Baubetrieb.

b) Die Betriebskosten.

Hierzu gehört

1. der Aufwand an Material und an Löhnen für Herstellung, Unterhaltung und Abbruch der Hilfsbauten, nämlich

α) der Zementschuppen und Kiessilos,

β) der Gerüste für den Transport der Rohstoffe oder des Betons, und zwar sowohl für horizontale Förderung als auch für Aufzüge, Bremsberge und Rutschen;

2. die Kosten für das Verwalten und Bewachen der Lager sowie auch Zinsverluste durch längeres Stilliegen der Materialien;

3. der Aufwand für die Beschaffung bzw. Verzinsung und Abschreibung der maschinellen Einrichtung: Antriebsmaschinen, Mischmaschinen, Aufzugmaschinen, Fahrmittel, Wasserleitung, Strom zuleitung[1]);

4. der Aufwand an Material und Löhnen für das Montieren, Unterhalten und Abmontieren der Maschineneinrichtung einschl. Revisionsgebühren usw.;

---

[1]) Einen kleinen Posten des maschinellen Teiles, der zur Schalung (Kreissäge) oder zur Eisenbearbeitung (Gebläse für Schweißen und Warmbiegen) gehört, wird man nicht eigens abtrennen.

5. die laufenden Kosten des Kraftbezuges (Strom, Kohle, Benzin);

6. die Löhne für das Beibringen der Rohstoffe vom Lager zur Mischmaschine;

7. die Löhne für die Bedienung der gesamten Maschineneinrichtung, auch der Mischmaschinen;

8. die Löhne für den Transport des Betons von der Mischmaschine bis zur Verwendungsstelle, einschl. Bedienung der Aufzüge;

9. die Löhne für das Einbringen und Stampfen des Betons;

10. die Löhne für die Nachbehandlung des fertigen Betons: Bedecken und Begießen, Nacharbeiten der Oberflächen nach dem Ausschalen.

c) Ableitung extremer und durchschnittlicher Betonpreise für Beispielzwecke.

1. Höchstwert.

Kiessand kostet im allgemeinen (vgl. Betonkalender 1913, Teil I, Seite 359) bis zu 8 M./cbm; an weniger belebten Plätzen ist er noch teurer. Ein Preis von 12 M./cbm einschließlich Beifuhr ist erfahrungsgemäß noch nicht übertrieben. Zement ohne Säcke kostet in manchen Gegenden Bayerns franko Bahnstation 4 M./100 kg (Syndikatspreis) kann also mit Transport auf 4,30 M. kommen. Bei 30 % Einstampfung kostet alsdann die Mischung 1 : 4, wie sie eine strenge Baupolizei vielleicht für bestimmte Zwecke vorschreibt:

456 kg Zement zu 0,043 M.	19,60 M.
1,3 cbm Kiessand zu 12 M.	15,60
Materialkosten	35,20 M.
Baubetrieb	10,80
Gesamtkosten für 1 cbm Beton im fertigen Bauwerk	46,00 M.

2. Kleinstwert.

Auf den äußersten Fall negativer Materialkosten wollen wir hier verzichten. Die Verwertung von Abfallprodukten (Hochofenschlacke auf den Hütten, Abraum in den Steinbrüchen) kann nämlich die Ausgaben für die Zuschläge tatsächlich zu Null machen, weil unter Umständen die Ausgaben für Transport und ev. Zerkleinerung durch die sonst erwachsenden Abfuhrkosten gedeckt werden. Es kann aber auch brauchbarer Kiessand in der Baugrube vorhanden sein, wodurch ebenfalls die Gestehungskosten sehr gering ausfallen; wir wollen sie zu 0,50 M./cbm ansetzen. Zement ist in manchen Gegenden Norddeutschlands für 2,30 M./100 kg einschl. Säcke zu kaufen; mit einem geringen

Zuschlag für Ausladen kommen wir dann auf 1,80 M./100 kg. Die Mischung 1 : 5½ kostet hiermit bei 10 % Stampfung:

280 kg Zement zu 1,8 Pf./kg	5,04 M.
1,1 cbm Kiessand zu 0,50 M./cbm	0,55
Materialkosten	5,60
Betriebskosten	4,40
Summe	10,00 M.

3. Durchschnittswert.

Das Mittel zwischen den beiden abgeleiteten Preisen

$$\frac{46 + 10}{2} = 28,\text{— M/cbm}$$

gibt einen für unseren Zweck passenden Durchschnittswert.

II. Die Schalung.

Obwohl das Schalholz nicht wie Beton und Eisen einen Bestandteil des fertigen Bauwerkes bildet, kann man doch auch hier von einem Materialaufwand reden, weil ein guter Teil des benutzen Holzes bis zur Unbrauchbarkeit zerkleinert wird und somit verloren ist. Die Materialkosten setzen sich daher zusammen aus

1. den Kosten für den Transport des Holzes zu und von der Baustelle und für das Lagern auf derselben;
2. Verlust und Verschnitt an Schal-, Sprieß- und Rüstholz;
3. einer hohen Abschreibung für jedesmalige Benutzung des Holzes;
4. der Verzinsung des darin angelegten Kapitals.

Als Betriebskosten sind zu addieren:

1. der Aufwand für die Erstellung und Unterhaltung der besonderen Arbeitsplätze und -schuppen;
2. die Ausgaben für das Vorhalten (Beschaffen, Instandhalten und Aufbewahren) der besonderen Werkzeuge;
3. die Löhne für das Vorrichten der Schalung;
4. die Löhne für das Montieren der Schalung;
5. die Löhne für das Absprießen der Schalung;
6. die Löhne für das Ausschalen und das Wegräumen des Holzes;
7. die Löhne für das Säubern der Bretter und das Entfernen der Nägel aus denselben.

Die Gesamtkosten betragen in der Regel

für Flächenschalung (Deckenplatten, glatte ebene Wände, ebene Seitenflächen größerer Betonkörper) je nach der Schwierigkeit der Absprießung 0,80 bis 2,50 M./qm, für Streifenschalung (Balken, Säulen, Gesimse) je nach Gliederung, Eigengewicht der Konstruktion, Höhe der Absprießung 1,50 bis 4,00 M. pro qm.

Eine besonders hohe oder besonders erschwerte Absprießung kann die Sätze natürlich noch wesentlich höher treiben, wird aber dann besser als „Rüstung“ für sich betrachtet.

Als normale Werte können wir 1,50 M./qm für Decken- und Wandschalung und 2,50 M./qm für Träger- und Säulenschalung festhalten.

III. Das Eisen.

Die Materialkosten setzen sich zusammen aus

1. dem Grundpreis ab Werk;
2. dem Überpreis für besondere Profile, worunter die dünneren Rundeisen, oder auch für Mehrlängen;
3. der Fracht bis zur Baustelle samt Nebenkosten;
4. den Löhnen für Abladen und Transport zum Lager.

Die Betriebskosten betreffen

1. den entsprechenden Teil der Baustelleneinrichtung (Arbeits- und Lagerplätze, Biegemaschinen usw.);
2. die Löhne für das Biegen der Eisen und Ordnen der gebogenen Stäbe;
3. die Löhne für den Transport der gebogenen Eisen zur Verwendungsstelle;
4. die Löhne für das Montieren und Flechten der Eisen.

Die Gesamtsumme stellt sich in der Praxis auf 16 bis 24 Pf./kg; 20 Pf./kg sind ein brauchbarer Mittelwert.

Literatur zum Anhang.

Von den hier berührten Angelegenheiten hat bisher nur der Materialbedarf für die Betonmischung eine wissenschaftliche Forschung erfahren. Von Bedeutung sind die Arbeiten von Safir (Dipl.-Ing. B. Safir, Beschaffenheit, zweckmäßige Mischungsverhältnisse und Ausbeute hydraulischer Baustoffe, Berlin 1909, Wilhelm Ernst und Sohn) und von Dr.-Ing. Marcichowski (Beton und Eisen 1910, Heft XVI, Seite 396). Doch ist dieser Gegenstand, welcher eine einfache theoretische Fassung in verschiedener Weise zuläßt, oft behandelt worden; auch kleinere Lehrbücher, z. B. Kersten (C. Kersten, Der Eisenbetonbau, Teil I, 8. Auflage, Berlin 1911, Wilhelm Ernst und Sohn) geben das Kapitel in einer für die meisten praktischen Bedürfnisse genügenden Form.

Verhältnismäßig selten wird die Herleitung des Gesamtbedarfs an Eisen aus dem Ergebnis der statischen Berechnung angeschnitten. Die Zahlen, die Frank (Dr.-Ing. W. Frank, Eisenbetonbau, Stuttgart 1911, Konrad Wittwer) hierfür gibt, sind wohl alle zu klein; er vernachlässigt grundsätzlich die obere Armierung der durchlaufenden Konstruktionen, sowohl bei der Platte als beim Balken. Wir sind mit diesem Vorgehen, das die Masse um ein Drittel verkleinert, nicht einverstanden, wenn auch vielleicht seine Folgen durch die Aufrundung der Momentenwerte etwas gemildert werden. Außerdem sind dort die Endhaken und besonders die Verteilungseisen schwach bemessen. Bazali (M. Bazali, Die Kalkulation und das Veranschlagen von Eisenbetonbauten, Glauchau 1912, Arno Peschke) gibt selbständige Zahlen, die alle viel zu nieder, in einem Falle geradezu falsch sind.

Alle anderen Punkte werden nur gelegentlich der Besprechung von Ausführungen berührt. Ihr eingehendes Studium ist Sache der Unternehmerfirmen, welche den Hauptwert auf die einzelnen Zahlen legen und die Resultate für den eigenen Gebrauch zurückhalten. Dadurch ergibt sich eine starke Einseitigkeit, weil nach dem Wert einer Methode und nach der allgemeinen Berechtigung des Vorgehens nicht viel gefragt wird und insbesondere die maßgebenden Grundsätze, zum Teil wohl unbewußt, im Kopfe des Organisators verbleiben. Doch kann auf die Dauer eine objektive systematische Untersuchung nicht entbehrt werden.

GPSR Compliance

The European Union's (EU) General Product Safety Regulation (GPSR) is a set of rules that requires consumer products to be safe and our obligations to ensure this.

If you have any concerns about our products, you can contact us on ProductSafety@springernature.com

In case Publisher is established outside the EU, the EU authorized representative is:

Springer Nature Customer Service Center GmbH
Europaplatz 3
69115 Heidelberg, Germany

Batch number: 10844827

Printed by Printforce, the Netherlands